KB054607

사춘기 엄마 처방전

미문사

자녀의 사춘기를 슬기롭게 극복하는 부모 공부

사춘기 엄마 처방전

2020년 5월 15일 초판 1쇄 발행

지은이 _ 김미영
펴낸이 _ 김종욱

디자인 기획 _ 조미연
표지·본문 디자인 _ 박용
마케팅 _ 이경숙, 송이솔
영업 _ 박춘현, 김진태, 이예지
주소 _ 경기도 파주시 회동길 325-22 세화빌딩
신고번호 _ 제 382-2010-000016호
대표전화 _ 032-326-5036
내용문의 _ 010-2658-8767(전자우편 minyunmam@daum.net)
구입문의 _ 032-326-5036/010-6471-2550
팩스번호 _ 031-360-6376
전자우편 _ mimunsa@naver.com

ISBN 979-11-87812-22-7

자녀의 사춘기를 슬기롭게 극복하는 부모 공부

사춘기 엄마 처방전

김미영 지음

미문사

차례

Part. 2 공부 잘하고 착하니까 드러난 나의 잔인함

Part. 3 마냥 사랑스러웠던 아이의 어린 시절

Part. 4 내 엄마에게서 깨우친 사춘기 대처 방법

Part. 5 딸아, 너를 통해 엄마도 배운 게 많아

Part. 6 딸아, 엄마는 네가 이렇게 자라주길 바라

프롤로그

지금도 눈에 선하다. 이른 아침, 아이들 등굣길이었다. 아파트 경비 아저씨가 중학교 여학생 앞에서 어쩔 줄을 모른 채 쩔쩔 매고 있었다. 그 경비 아저씨는 고개를 푹 숙이고 있었고, 여학생은 큰소리로 아저씨를 다그치고 있었다. 나와의 거리가 다소 떨어져 있었기에 대화 내용은 알 수 없었다. 그 당시 난 6살, 8살 난 아이들의 엄마로서 나이가 지긋이 든 경비 아저씨를 마치 동생 혼내듯한 그 여학생의 행동이 그저 무례할 따름이었다. 지금 생각해 보니 그 여학생은 날카로운 가시를 치켜세운 채 사춘기의 극을 달리고 있었던 것이다.

그리고 7년 후, 그 엄청난 사춘기의 위력을 온몸으로 경험했던 난 그 당시 경비 아저씨가 왜 그 여학생 앞에서 고개를 숙일 수밖에 없었는지 충분히 이해가 갔다. 정말 끝이 보이지 않을 정도로 암담했다. 도대체 내가 뭘 잘못했기에 이런 혹독한 시련을 겪어야 하는지 전혀 그 답을 찾을 수가 없었다. 혹여 '아이들을 키우는 과정에서 무슨 일이 있었나?' 아니면 '공부를 너무 많이 시켜서?'

여하튼 사춘기에 대한 답을 전혀 찾을 수 없었기에 나 스스로를 변화시켜 나가야만 했다. 그렇지 않으면 살 수 없을 정도로 숨이 막

혔으니까. 그래서 어머니 합창단에 입단해 음악으로써 마음을 치유해 나가기 시작했고, 나름 영어 공부도 하면서 누구의 엄마가 아닌 '나'라는 사람을 찾아가고 있었다. 그렇게 나와 아이들의 엄마 중간 지점에서 아이를 향한 집착을 어느 정도 내려놓게 되었고, 이로 인해 나를 옭아맸던 구속으로부터 어느 정도 자유로워질 수 있었다. 물론 처음엔 쉽지 않았다. 마음을 내려놓겠다고 수차례 선언을 했지만 그건 말뿐이었다. 다시 또 아이들에 대한 집착으로 마음이 괴로웠고, 결국 바닥까지 오고 나서야 비로소 마음의 평안을 찾을 수 있었다.

> "사실 그때는 나도 왜 그랬는지 잘 모르겠어요. 내가 한 행동이 잘못됐다는 것을 알면서도 그냥 엄마만 보면 짜증이 나고, 나 스스로도 통제가 잘 안 되더라고요."

허탈했다, 난 죽도록 힘들었는데. 그냥 아무 이유 없이 짜증이 났고, 그런 감정을 스스로도 통제할 수 없었다는 단순한 말 한마디. 그렇게 난 엄마라는 이유만으로 쓰라린 인내를 품은 채 서서히 엄마다운 엄마의 모습으로 변해 갔다. 그래서일까? 문득문득 이 세상에 없는 나의 엄마가 사무치게 그리워질 때가 있다. 아이가 한창 사춘기로 방황할 때, 난 나의 엄마를 생각하며 동시에 사춘기 시절 나의 모습도 다시 한번 떠올려 봤다. 엄마와 나 그리고 딸아이! 우리네 삶이란 바로 이런 것이었다. 계속해서 돌고 도는.

"나도 좀 살자."

잘 기억은 나지 않지만 내가 사춘기로 방황할 때 엄마가 나를 향해 내던진 말이다. 지금 생각해 보니 이 말이 내 가슴을 갈기갈기 찢는다. 그 당시 사춘기와 마주 선 엄마의 심정이 얼마나 고통스러웠으면 이런 말을 했을까 싶다. 사실 '엄마'라는 존재는 자식들이 생각하기에 그저 만만한 존재다. 집안에서는 품위고 뭐고 다 집어던진 채 온갖 허드렛일을 하는 모습으로만 아이들에게 비춰지기 때문일 게다. 오히려 품위 있게 집안일을 하다 보면 가족들은 더 숨이 막히지 않을까 싶다.

"아이고! 그렇지도 않아요. 왜 교회에 가면 기도실이 있잖아요? 그곳에 가면 불을 다 끈 상태에서 마음속에 있는 괴로움을 다 쏟아내라고 하거든요. 처음엔 정말 조용해요. 그러다가 한 엄마가 속에 쌓인 응어리를 풀어내기 시작하면서 통곡을 하면 여기저기에서 아이들 사춘기로 힘들어하던 엄마들이 같이 통곡을 하면서 기도실이 온통 울음바다로 변하는 것을 봤어요."

며칠 전, 밤늦게 지인을 만나 술 한잔 하면서 들은 얘기다. 그러니까 아이의 사춘기를 그 누구에게도 말하지 못한 채 속으로 삭이면서 지내는 엄마들이 많다는 사실이다. 주변 엄마들 얘기를 들어 보면 사춘기 아이와 일이 벌어지는 순간, 하나같이 집에 달려 있는 문이란 문은 다 닫아버린다고 한다. 혹여 고래고래 소리 지르다가 그 끔찍한 소리가 밖으로 새나갈까 봐. 게다가 가장 먼저 화장실 문부터 닫으라는 정보는 덤이다. 모든 방은 거실로 통하고, 거실에서의 소음은 거실 내 화장실 환풍기를 타고 곧바로 위층으로 직방이다. 솔직히 사춘기 아이를 키우다 보면 우리 집 현관문을 열 때 다소 눈치가 보이는 경우가 있다. 왜냐하면 그동안 한 게 있기 때문이다. 하지만 별수 있겠는가! 엄마도 사람인데…….

어제 아이를 학원에 데려다주러 우리 집 현관문을 여는 순간, 딱 걸렸다. 이미 결혼시킨 두 남매를 둔 나이가 지긋한 옆집 아주머니가 능청스럽게 웃으면서 우리를 반겨 주었다. 나도 머쓱하게 인사를 하며 승강기 안으로 향했다. 다소 어색한 분위기 속에서의 세 여인, 그때 난 미리 선수를 쳤다.

"그나저나 집이 항상 조용한 것 같아요. 우리 집은 중학생 둘을 키우느라 거의 전쟁터인데……."

말이 떨어지기가 무섭게 아주머니는 1층에서 내렸고, 바로 승강기 문이 닫히는 순간, 우리를 향해 한마디 내던졌다.

"다 그러면서 사는 거야."

PART 1

시베리아를 몰고 온 집안 분위기

1-1 "내 꿈을 왜 엄마가 좌지우지해?"

"내 꿈을 왜 엄마가 좌지우지해?"

한동안 딸아이와의 대화 단절 이후 처음으로 둘이 마주앉았을 때 아이가 나에게 내던진 말이다. 언제부터였을까? 그토록 사랑스러웠던 아이의 눈빛이 변하기 시작하면서 나를 마치 엄마가 아닌 원수를 보는 듯이 했다. 그리고 그 무서운 눈빛으로 나에게 이런 말을 던졌을 때 난 아무 말도 할 수가 없었다.

순간 '도대체 이게 뭐지?' 하면서 두려움이 엄습해 오기 시작했다. 머릿속이 하얘지면서 묵직한 무언가가 내 뒤통수를 심하게 가격하는 느낌이었다. 그래도 난 엄마니까 침착함을 잃지 않으려고 어금니를 꽉 깨물면서 아이와 대화를 이어 나갔다. 그 당시 아이를 향한 내 눈빛은 과연 어땠을지 지금 생각해 보면 몹시 궁금하기도 하다. 사실 내 마음은 전혀 그렇지 않았지만 가증스럽게도 전혀 마음에도 없는 말을 하고 있었다.

"네가 그쪽으로 원한다면 그 길로 가야지. 그런데 연예계의 길은 험난해. 설령 네가 연예인이 아닌 연예계 관련 일을 한다고 해도 화려함 뒤에 숨어 있는 그 이면의 외로움과 지저분함 그리고 차별 등을 다 감안해야 할 거야. 만약 네가 그토록 연예인이 좋다면 그들과 함께 일할 수 있는 방송국 PD를 하면 어떻겠니?"

사실 딸아이는 초등학교 때까지 꿈이 외교관이었다. 그런데 지금 생각해 보면 그 꿈은 아이가 진정으로 원했던 것이 아니라 엄마인 내가 아이에게 세뇌를 통해 주입했던 것이다. 그도 그럴 것이 아이는 책을 많이 읽어서 또래 아이들보다 아는 것도 많았고, 영어는 물론 모든 과목에서 앞서 나갔기에 우리나라를 넘어 국제 외교 쪽으로 아이의 꿈을 끼워 맞춰 왔던 것이다.

그렇게 아이의 초등학교 시절이 지나고, 중학교 1학년에 입학하면서부터 얘기는 달라지기 시작했다. 초등학교 때는 '엄마'라는 절대 권력자의 명령을 거스를 수가 없었을 게다. 아직 어리고 엄마의 경계 안에서 벗어날 수가 없었을 테니까. 하지만 갑자기 키가 훌쩍 크면서 엄마의 키를 넘어서고, 자아 정체성이 흔들리기 시작하면서 '엄마'라는 존재는 그야말로 자신을 간섭하는 걸림돌이 된 것이다.

예전에 문화센터로 청소년 심리 관련 강연을 들으러 간 적이 있었다. 그때 청소년 상담 전문가가 "아이는 태어나면서부터 사춘기 이전까지 부모가 일궈 놓은 가정 안에서 사랑받고, 배우고, 혼나고, 깨달으면서 어느 정도 부모가 원하는 자녀 상으로 자란다. 하지만 사춘기 이후부터는 그 틀을 완전히 깨부수고, 자신의 집을 다시 하나하나 지어가는 과정을 거친다."라고 말했다.

물론 이러한 이론은 내 아이에 대한 강한 믿음이 산산이 부서지는, 그래서 죽고 싶을 정도로 힘들었던 상황에서도 결코 믿고 싶지 않아서 몸부림을 치며 거부했던 사춘기 심리 관련 내용이었다. '어떻게 내 아이가 그럴 수 있지? 지금까지 내가 어떻게 키웠는데. 곧 돌아올 거야. 지금까지 엄마인 나를 얼마나 좋아했는데 하루아침에 돌변을 해. 서서히 달라지겠지.'

우리 가족은 큰아이가 초등학교 6학년, 작은아이가 초등학교 4학년 말에 목동으로 이사를 왔다. 그동안 돈암동에서 죽 살다가 비록 초등학교 때였지만 둘 다 공부를 잘했고, 이로 인해 나 또한 주변 엄마들의 부러움을 샀다. 그래서였을까? 그 기대치를 올리기 위해서 아이들에게 더욱더 강요할 수밖에 없었고, 더 큰 세상으로 나가고자 하는 욕망은 결국 목동을 선택하게 만들었다.

그리고 이후 딸아이는 중학교 입학을 앞두고 목동에서 더욱더 강도 높은 학원 수업을 듣기 시작했다. 중학교에 올라가기 전 꽤 길었던 겨울 방학을 이용해 하루에 5시간씩 가장 빡센 수학학원에서 특강을 들었고, 영어도 레벨이 제일 높은 특목반으로 들어가기 위해 테스트를 받았지만 아쉽게도 특목반 바로 밑 반에 들어가게 되었다. 마지막으로 논술도 목동에서 가장 유명하다 싶은 학원에서 시험을 치러 상위 3% 반에 들어갔다.

그렇게 나름대로 수학, 영어, 논술의 방향을 정한 뒤 1주일 단위로 쳇바퀴 돌듯 아이는 열심히 최선을 다하고 있었다. 사실 더 많이 수업을 듣는 아이들에 비하면 그냥 기본 정도만 하고 있는데도 옆에서 지켜보는 엄마 입장에서는 그저 안쓰러울 따름이었다. 겨울방학에 틈만 나면 친구들과 만나서 실컷 놀다가 들어왔던 내 중학교 시절을 생각하면 더욱더 그랬다.

어찌 됐건 두어 달이 넘는 기나긴 겨울방학이 지나가고, 목동 내 중학교에 입학을 했다. 새로 전학을 온 데다가 친한 친구는 단 한 명도 없었고, 학교 수업에, 학원 수업에, 2차 성징이 나타나는 사춘기까지 겹쳐서인지 아이는 너무나 힘들어했다. 그래도 별 내색 없이 하루하루 잘 견디어 나가는 모습이 대견스럽게 느껴졌고, 잘할 수 있으리라는 딸아이에 대한 믿음이 있었기에 위로보다는 '너는 잘 할 수 있어!'라는 압박감을 더 준 것 같다.

게다가 학교생활에 있어서는 친구들 간의 세력 다툼으로 이어지는 관계 형성이 시작되고 있었고, 학원 생활에 있어서는 아이를 향한 선생님의 날카로운 지적이 시작되고 있었다. 또한 논술 학원에서는 한 달에 한 번, 토의 토론을 위한 그룹 수업이 있었는데, 이미 친한 아이들끼리 뭉쳐 있는 상황에서 내 아이가 투입되었다. 그래서인지 친한 아이들이 한 편이 되어 내 아이를 공격하는 찬반 토론 수업으로 진행되고 있었다.

중학교 1학년 초반, 아이에게 있어서 그야말로 사면초가였다. 그 누구도 아이와 한 편이 되어 주질 못했고, 아이 또한 꼬일 대로 꼬인 실타래를 어떻게 풀어나가야 할지 몰랐던 아직 어린아이에 불과했다. 그런즉, 가슴속에 자리 잡았던 작은 분노의 불씨가 서서히 피어오르면서 아이의 작은 가슴에 서서히 상처를 내기 시작했던 것이다.

나는 왜 그 당시 마음의 여유가 전혀 없었던 것일까! 내 아이의 고통을 왜 나 몰라라 했었는지 지금 생각해 보면 내 자신이 너무도 어리석게 느껴진다. 아이에게 '엄마'라는 한없이 커다란 존재를 상실하게 만들어 버린 것 같아 그저 미안한 마음뿐이다. 그렇게 아이는 서서히 마음의 문을 닫아가고 있었다.

"대부분의 아이들은 이미 학교에서든 학원에서든 공부에 대한 압박감에 시달리고 있다. 따라서 '엄마'라는 존재는 아이가 그러한 공부에 대한 압박감으로부터 벗어날 수 있도록 가정에서나마 따뜻한 말 한마디, 자유로움, 맛있는 음식과 편안한 휴식 공간을 만들어 주는 게 중요하다."

1-2 "쾅" 하며 굳게 닫힌 방문

그러던 어느 날, 학교에서 돌아온 딸아이는 나를 본 채 만 채 무시하고는 자신의 방으로 들어간 뒤 방문을 아주 세게 "쾅" 하고 닫아버렸다. 얼마나 세게 닫았는지 문 앞에 걸려 있었던 철사 옷걸이가 문틈에 낀 채 닫혀버렸다. 그 순간, 나는 너무 화가 나서 다시 방문을 열었고, 침대 위에 너부러져 있는 아이를 향해 큰소리로 고함을 쳤다.

"야, 너 그게 무슨 태도야? 내가 너한테 뭘 잘못했기에 그딴 식으로 행동을 해. 너만 힘들어? 다 너처럼 학교 다니고, 학원 다니면서 힘들어. 그렇다고 부모한테 이렇게 함부로 행동하지 않아. 이 못된 것 같으니라고!"

아이는 날카로운 눈빛으로 엄마인 나를 노려보며 당장 자신의 방에서 나가라고 윽박질렀고, 이에 나는 더욱더 화가 나서 심한 욕설까지 내뱉고 말았다. 그러자 아이는 분노를 주체할 수 없었는지 나를 밀치듯 문밖으로 밀어내기 시작했고, 버티려고 안간힘을 쓰던 나는 결국 문밖으로 내팽개쳐지고 말았다. 워낙 아이가 키도 크고 체격이 있다 보니 당연히 내가 밖으로 밀릴 수밖에 없었던 것이다.

그렇게 나는 한동안 아이 방과 거실을 구분 짓는 문밖에서 멍하니 서 있었고, 이어 코끝이 시큰해지면서 가슴이 저려 오는 통증을 온몸으로 느끼기 시작했다. 우리 가족이라고 해봐야 남편, 나, 큰아이, 작은 아이 네 식구인데, 그때 그 순간만큼은 끝없이 펼쳐진 시베리아 벌판에 오롯이 나 혼자 서 있는 것처럼 느껴졌다.

'도대체 무엇이 잘못된 것일까?', '어디서부터 틀어진 것일까?' 그저 막막하기만 했다. 그렇다고 못되게 행동하는 아이를 다독이면서까지 대화를 나누고 싶진 않았다. 그냥 괘씸하고, 꼴도 보기 싫었다. 아이의 행복한 미래를 위해서 길을 안내해 주고, 지원을 해주고, 온갖 뒤치다꺼리에 내 소중한 인생을 다 소비하고 있는데, 어떻게 감히 이럴 수 있는지 도저히 납득할 수가 없었다.

정말이지 하루하루 죽을 만큼 열심히 살아왔다. 아이들이 힘든 만큼 엄마인 나는 더 힘들어야 한다고 생각하면서 아이들 뒷바라지에 독서토론논술 교사까지 겸했다. 그렇게 아이들 눈에 게으른 엄마로 보이지 않도록 항상 무언가를 하고 있었고, 오직 내 아이들의 미래를 위해 나는 그냥 희생양으로만 살아왔다. 요즘 엄마들은 자신의 삶도 무척 중요하다고 생각한다. 하지만 난 항상 내 자신보다는 자식을 먼저 생각하는 경향이 컸다. 아마도 다른 엄마들에 비해서 모성 본능이 유난히 강했나 보다.

사실 그런 나였기에 당시 처해졌던 위기 상황에서 뚜렷한 답도 찾아낼 수가 없었다. 그렇게 하루하루가 지나면서 딸아이와 나의 감정의 벽은 더욱더 두터워져만 갔다. 같은 집에 살면서 아이는 자신의 방에서 늘 휴대 전화만 보고 있었고, 나는 마음을 다스리기 위해 안방에서 영어 공부도 하고, 책도 읽고, 음악도 들으며 하루를 겨우 버텨냈다. 서로 부닥치지 않으려고 의식적으로 피하고 있었던 것이다.

그러다가 주기적으로 쌓였던 감정이 폭발하면 나도 내 자신을 감당할 수가 없었다. 아이에게 심한 욕설도 퍼붓고, 물건도 내던지면서 스트레스를 풀었다. 그렇게라도 하지 않으면 곧 숨이 막혀 죽을 것만 같았으니까. 아이 아빠도, 동생도 그냥 내버려 두라고 하지만 엄마가 아닌 이상 제삼자였다. 지금껏 아이를 낳고 기른 엄마이기에 밥도 챙겨 줘야 하고, 옷도 챙겨 줘야 하고, 잠도 깨워 줘야 하고, 학교도 보내야 하고, 학원도 보내야 했다.

이렇듯 아이와 늘 부닥치는 상황 속에서 감정의 골은 점점 더 심해져 갔고, 그 와중에도 순간순간 어르고 달래면서 언제 깨질지 모르는 살얼음판을 걸어왔던 것이다. 솔직히 그때 내 심정은 아이가 완전히 빗나가거나 포기하지 않도록 최소한의 모녀 간 끈이 연결되기를 바랐다. 그래서 아이를 향한 내 마음과는 전혀 반대로 행동했다. 죽도록 미웠지만, 행여나 아이가 학원에 안 갈까 봐 말투는 그야말로 연기자를 방불케 했다.

"학원 갈 시간이야. 빨리 일어나야지. 힘들겠지만 조금만 참자. 삶을 100년으로 따져 봤을 때 인생의 기로는 중학교 3년, 고등학교 3년, 총 6년 사이에 결정된단다. 그러니까 눈 딱 감고, 6년만 열심히 하자. 그러면 넌 나머지 80년 인생을 풍요롭고 행복하게 살 수 있을 거야."

하지만 하교 후 집에 오자마자 낮잠 자는 아이 옆에서 이렇게 얘기해 본들 아무런 소용이 없었다. 잠에 취한 나머지 어떠한 얘기도 들리지 않았고, 심지어 학원에 가려는 의지조차 없었다. 그나마 학교는 온갖 인상을 쓰면서 가긴 했다. 어찌 됐건 학원에 갈 때마다 집안이 거의 풍비박산 날 정도로 난리가 났다. 전혀 움직이지 않으려는 소를 억지로 잡아끄는 느낌이라고나 할까?

그 과정에서 엄청나게 에너지 소모가 됐다. 거의 기진맥진할 정도로 진땀이 났고, 방바닥에 벌러덩 드러누워 멍하니 허공을 바라보는 일이 많았다. 이렇듯 매일같이 학원에 가니 안 가니 하면서 서로 감정 싸움 하는 게 너무나도 피곤했고, 서서히 지쳐가기 시작했다. 그렇다고 학원을 다 빼버릴 용기도 나에겐 없었다. 왜냐하면 쉬었다가 다시 새롭게 시작해야 하는 상황이 귀찮았기 때문이다.

다니던 학원을 그만두고 이후 다른 학원에 가게 될 경우, 아이와 맞는 학원도 다시 알아봐야 하고, 막상 학원에 들어가더라도 다시 레벨 테스트를 본 후 적응해야 하는 상황이 아이를 더 지치게 할 것만 같았다. 그래서 만약 아이가 학원을 가기 싫어하면 선생님들에게 수업료 이월 처리에 대해 미리 양해를 구하였다. 물론 선생님들은 기분이 좋지 않을 게다. 아이가 사적인 이유로 학원을 빠지는 데다가 빠진 만큼의 수업료가 선생님 월급에서 차감되기 때문이다.

지금 생각해 보면 그 당시 나도 오기가 생겨서 '내가 이기나 네가 이기나 어디 한번 해보자.' 하며 끈질기게 버텨왔던 것 같다. 다른 엄마들은 아이가 학원 가기 싫다고 하면 "그래! 그럼, 가지 마." 하고 바로 학원을 끊어버리는 경우도 있다. 물론 그 이후 결과에 대해서는 알 수가 없다. 여하튼 나의 집요하리만큼 끈질긴 인내는 3년이 지난 지금, 같은 선생님과 꾸준히 수업을 하고 있는 아이의 모습으로 이어진다.

"'엄마'라는 존재는 때론 자신의 감정을 속인 채 연기자가 되기도 해야 하고, 때론 모든 걸 초월한 도 닦은 스님이 되기도 해야 하고, 때론 무서운 호랑이 선생님이 되기도 해야 하는 등 그때그때 상황에 따라서 변할 줄 알아야만 집안이 평안하다. 왜냐하면 아이들은 아직 어려서 상대방의 진정성과 가식을 구분하지 못하기 때문이다. 아이들은 단순하게도 자신의 기분만 맞춰주면 좋아한다."

1-3 매일매일 치켜올라가는 아이의 눈꼬리

꼬여도 아주 단단히 꼬였다. 이제는 감정의 실타래가 복잡하게 얽히고설켜서 다시는 풀릴 것 같지 않은 지경에까지 이르렀다. 아예 가위로 싹둑 잘라내 버리고 싶었다. 나는 아이에게 대화는커녕 말 한마디 꺼내기가 무서웠다. 내가 하는 말 한마디 한마디에 온갖 시비를 갖다 붙이면서 대드는 게 나의 신경을 아주 곤두서게 만들었고, 이러한 상황이 계속해서 이어져 나갔다. 그리고 어떤 때는 걱정이 돼서 아이에게 뭔가를 얘기하려고 하면 대답이 아예 없거나 상관하지 말라는 식이었다.

"너 외고 가려면 독서기록장도 꾸준히 기록해 둬야 하고, 동아리 활동도 적극적으로 참여해야 할 거야."

"……."

"왜 대답을 안 해?"

"……."

"너 엄마 말이 말 같지 않아?"

"내가 알아서 해요."

"알아서 안 하니까 문제지."

"왜 엄마가 내 일을 상관해요?"

"당연히 엄마니까 상관하지."

"으악! 정말 짜증 나."

'엄마'라는 존재에 대해서 다시 한번 생각해 봤다. 엄마는 그냥 편하고 만만한 존재니까 말이나 행동을 거르지 않고 무조건 내뱉어 버리는 것일 게다. 그렇다면 엄마들도 감정이 있는 사람으로서 그동안 너무 편해서, 너무 만만해서 받은 상처를 어떻게 치유할 것인가! 물론 반대로 엄마가 아이에게 마음의 상처를 준 경우도 많을 것이다. 그래서 서로 간의 허심탄회한 대화가 필요한 거고, 그 과정에서 조율이 필요한 것이리라. 하지만 예외가 있었다. 사춘기를 겪고 있는 아이하고는 마치 벽과 얘기하는 것처럼 아무런 교감도, 소통도 느껴지지 않았다.

그래서였을까? 동네 아줌마들과 수다를 떨다가 소름 돋는 사건 하나를 들었다. 어느 아파트 단지에 한 가족이 이사를 왔는데, 중학생 딸 둘을 키우는 가정이었다. 맞은편 단지 베란다를 통해 보이는 그 가정의 모습은 아빠는 퇴근 후 항상 바이클 페달을 구르며 운동을, 딸 둘은 거실에서 항상 아이돌 춤 연습을, 그리고 엄마는 부지런히 집안일을 하고 있었다. 그냥 겉으로 보기에는 여느 일반 가정과 다름이 없었다.

그러던 어느 날, 그 아파트 내에서 앰뷸런스 소리가 요란하게 울려 퍼졌고, 이어 들려온 소식은 어느 중년 아줌마가 창문으로 뛰어내렸다는 것이다. 새로 이사 온 가정, 바로 딸 둘을 키우던 그 엄마였다. 그렇게 3일장이 치러지던 기간에 그 집의 불은 계속 꺼져 있었고, 그 이후 아빠는 여전히 운동을, 딸 둘은 아이돌 춤 연습을 하고 있었다. 다만 아이들 엄마의 모습만 볼 수가 없었다.

이 얘기를 듣는 순간, 그냥 눈물이 났다. 그 엄마는 왜 그런 극단적인 선택을 했을까? 이유는 모른다. 그냥 같은 엄마 입장에서 다양한 추측만 할 뿐이다. 아마도 그 엄마는 하루하루가 죽을 만큼 힘들었을 게다. 충분히 이해할 수 있었다. 나도 엄마로서 살아보니 한 해 한 해 지날 때마다 등이 휠 것 같은 삶의 무게가 더욱더 어깨를 짓눌렀다.

특히 사춘기를 겪고 있는 아이들을 옆에서 늘 지켜보는 엄마 입장은 그야말로 도 닦은 스님보다 한 수 위여야 한다. 그렇지 않으면 우울증에 걸리기 쉽고, 부모의 자리를 아예 잃어버리거나 가정도 흔들릴 수 있다. 그리고 더 나아가 병이 걸린다거나 극단적 선택을 할 수도 있다. 아마도 아직 아이가 사춘기를 겪고 있지 않다거나 순하다거나, 엄마와의 관계가 돈독할 경우에는 절대 고통 속에서 몸부림치는 엄마들의 심정을 이해할 수 없을 것이다.

여하튼 나도 혹독하게 아이의 사춘기를 겪었던 엄마로서 그 시기를 어떻게 이겨냈는지 내 스스로에게 박수를 보내고 싶다. 다만 지금껏 나를 지켜 준 힘은 아이의 집착으로부터 벗어날 수 있었던 나만의 관심사, 나를 사랑하는 자존감 그리고 집 밖에서의 내 존재감이었던 것 같다. 보통 아이들은 자라는 과정에서 어느 시점이 되면 정신적인 독립을 서서히 준비한다. 그때가 바로 사춘기이다. 그래서 엄마는 그 시기를 빨리 받아들이고, 아이로부터 어느 정도 선을 긋는 게 필요하다.

지금으로부터 3년 전, 그 당시에는 나도 몰랐다. 하룻밤 자고 나면 아이의 눈꼬리가 조금씩 더 올라가 있었고, 엄마인 나를 깔보듯 내려다보는 것이 정말 기가 막힐 따름이었다. 그렇다고 아이에게 부모로서 혼을 낸다거나 가르치려 드는 것은 전혀 먹혀들어가지도 않을뿐더러 오히려 분란만 더 가중시키는 무모한 일임을 서서히 깨닫고 있는 상황이었다. 그래서 난 아무리 자존심이 상하고, 죽고 싶더라도 그냥 마음속으로 인내하며 참고 비워냈다.

정말이지 끝을 알 수 없는, 계속되는 나와의 싸움이었다. 아이에게 무시당하면서도 늘 부닥칠 수밖에 없는 잠 깨우기, 학원 보내기, 숙제 확인하기, 학원 선생님과 조율하기, 짜증 받아주기, 반찬 투정 받아주기, 원하는 것 들어주기 등등 진정으로 내 마음에서 우러나는 행동이 아닌 최소한의 분란을 막기 위한 처절한 내 자신과의 싸움이었다. 그렇게 점차 시간이 지나면서 난 내가 아닌 또 다른 나로 변화되고 있었다. 그러니까 가정을 지키기 위한 어느 한 여자의 몸부림이 '엄마'라는 커다란 존재로 재탄생되어가고 있었던 것이다. 마치 번데기에서 성충으로 변화되는 것처럼.

어느 순간부터는 침묵이 답이라는 생각이 들었다. 흔히 말하는 '엄마의 잔소리'라는 말이 아이들 입에서 나오지 않도록 내가 먼저 선수를 쳐야만 할 것 같았다. 왜냐하면 말을 많이 하다 보면 엄마의 말은 무조건 잔소리로 듣게 되고, 이로 인해 귀를 아예 닫아버리거나 한 귀로 듣고 한 귀로 흘려버리는 그야말로 치가 떨리는 무시를 또 당하기 때문이다.

"'엄마'라는 존재는 마치 흔들림이 없는 커다란 나무처럼 늘 그 자리에 우뚝 서 있어야 한다. 아무리 강한 비바람이 휘몰아치고, 번개가 내리치고, 누군가 발로 차고, 돌로 찍어도 끄떡없을 정도의 강한 정신력이 필요하다. 보통 사춘기 아이들은 시시때때로 엄마를 놀리곤 한다. 어떤 때는 도가 지나칠 정도로 심하게 엄마를 깔아뭉갠다. 그때 엄마는 꿋꿋하게 버티면서 아무 일도 없었다는 듯이 행동해야 한다. 그래야만 아이들은 강한 엄마 밑에서 그나마 안정감을 느낀다."

1-4 대화가 사라지는 조용한 집

조용했다. 가끔은 숨소리조차 들리지 않을 정도로 집안이 너무 조용했다. 기본적인 일상생활 속에서의 소음, 즉 수돗물 소리, 화장실 물 내리는 소리, 전기밥솥 소리, 전화벨 소리 등은 어쩔 수 없다지만 목소리만큼은 최대한 자제를 했다. 왠지 목소리를 내면 또 집안이 들썩들썩할 것만 같았다. 아무리 기분 상하지 않게 말을 해도 사춘기 때는 그 말을 다시 꼬아서 듣기 때문이다. 지금 생각해 보면 아이도 자기 의지로 그런 게 아니라 스스로 통제할 수 없는 호르몬의 변화에 말이나 행동이 난폭해졌던 것 같다.

퇴근 후 파김치가 되어 집에 돌아온 남편이 무척 안쓰러웠다. 편안해야 할 집안이 때론 괴성이 오가는 공포의 분위기를 자아내기도 하고, 때론 너무나 조용해서 삭막한 분위기를 자아내기도 하는 등 이미 집안은 편안히 쉴 곳이 되어주질 못했다. 그렇다고 내

코가 석 자인데, 남편한테까지 신경 쓸 마음의 여유는 전혀 없었다. 오히려 남편한테 참았던 스트레스를 푼다거나 하소연하기 일쑤였다.

"오늘 또 무슨 일 있었어?"

"휴우! 하루하루가 살얼음판이야. 도대체 나만 이렇게 힘든 건지. 다른 아이들은 부모한테 이렇게까지 힘들게 하지 않을 텐데……."

"글쎄, 모르지. 사실 사춘기 때 가출하는 아이들도 많잖아. 그래도 우리 아이는 가출은 안 하니까 다행이지 뭐."

"쟤는 도대체 언제나 제자리로 돌아올까?"

"분명히 언젠가는 돌아올 거야, 엄마가 저한테 얼마나 잘했는데. 어떤 엄마가 그 정도까지 하겠어."

"나도 모르겠어. 만약 아이가 계속 저런 식으로 간다면 우리 집은 그야말로 절망적일 것 같아."

"둘째라도 잘 키워야지 뭐."

"난 그 전에 짐 싸가지고 집 나가버릴 거야."

퇴근 후 집에 들어온 남편하고의 대화는 늘 이런 식이었다. 남편 역시 상식을 뛰어넘는 아이의 행동을 보면서 점점 지쳐 가고 있었고, 아이 또한 아빠에 대한 거부감이 엄마인 나보다 더 심했다. 아빠가 아이의 방이라도 들어가려면 그 즉시 "나가."라는 말이 제일 먼저 튀어나왔다. 뭔가 대화를 통해서 꼬인 매듭을 하나하나 풀어나가야 하는데, 대화마저 거부하는 상황에서는 아무런 희망도 없었다.

가끔 아이가 나에게 하는 말은 엄마, 아빠하고는 대화가 전혀 안 통한다는 말뿐이었다. 그냥 부모와 대화하는 게 아이한테는 별 의미가 없었던 것이다. 왜냐하면 일단 대화를 하는 순간, 부모의 잔소리를 또 들어야 하고, 눈치를 봐야 하고, 하기 싫은 공부도 하는 척해야 하기 때문에 그만큼 자신이 누리고 싶었던 자유를 포기해야 하는 상황이었을 게다. 그래도 자신의 인생을 생각한다면 그 무모한 자유를 조금은 포기하는 게 현명한 선택이지 않을까 엄마로서 그저 안타깝기만 했다.

스스로 깨닫고 다시 돌아오기만을 기다렸다. 물론 숨이 막힐 정도로 답답하고, 초조하고, 불안했지만 달리 뾰족한 방법이 없었기 때문에 인내를 갖고 기다려 주는 수밖에 없었다. 그렇다면 나는 그동안 무엇을 하면서 아이를 기다려 줄 것인가! 계속해서 쌓일 온갖 부정적인 감정을 비워 내 줄 무언가가 절실했다. 그래서 찾은 곳이 목동의 OO초등학교 어머니 합창단이었다. 초등학교 시절, 모 방송국 어린이 노래자랑에서 예심 통과한 것 빼고는 노래방에서 마이크 잡고 가요 부른 것이 전부였던 난 전혀 새로운 합창의 세계로 서서히 발을 내딛기 시작했다.

합창단 단원으로 처음 입단했을 당시, 나를 대하는 단원 엄마들의 반응이 너무 따뜻했고, 한 사람 한 사람의 표정들도 너무 밝고 신선하게 느껴졌다. 바로 이거였다. 내가 앞으로 마음을 비워낼 수 있는, 그래서 아이의 사춘기를 무난하게 넘길 수 있는 나의 관심사를 찾은 것이다. 너무 감사했다. 지쳐 쓰러지기 전에 다시 내 삶을 일으켜 줄 그 무언가를 찾았다는 사실이. 만약 내 마음이 지칠 대로 지쳐서 아무런 의욕이 없었더라면 그 무언가를 찾을 힘도, 다시 행복한 가정을 꿈꿀 수도 없었을 것이다.

['소리모아' 어머니 합창단 단체 사진]

일주일에 한 번, OO초등학교 영상학습실로 노래를 부르러 갔다. 지휘자, 반주자를 중심으로 소프라노 단원, 메조 단원, 알토 단원들로 구성된 '소리모아'라는 합창단. 그날만큼은 적어도 나를 위해 모든 걸 투자하고 싶었다. 아름다운 멜로디에 흠뻑 빠져보기도 하고, 단원들과 수다도 떨고, 밥도 먹고, 차도 마시면서 그렇게 하루의 반나절을 보낸 후 집으로 돌아오곤 했다. 그리고 나는 다시 엄마로 돌아와 아이들 뒤치다꺼리로 남은 시간을 보냈다.

['소리모아' 어머니 합창단 초청 공연]

그런데 참 신기했다. 합창을 하고 집으로 돌아온 날은 기분이 한결 나아져서인지 짜증도 덜했고, 아이에 대한 미운 감정도 다소 수그러드는 듯했다. 그도 그럴 것이 아이가 아무런 이유 없이 나한테 짜증을 내거나 꼬투리를 잡아도 그냥 '그러려니' 하고 넘겨버리는 게 아닌가! 예전 같았으면 아이와 끝까지 말싸움을 하면서 결국 관계는 더 틀어지고, 집안 분위기는 그야말로 더 깊은 냉전 상태로 계속해서 진행되고 있었을 것이다.

사실 합창단원들의 열린 마음도 나를 밝은 세상으로 이끌어 주는 데 한몫을 해주었다. 엄마들 사이에서조차 아이들 공부 서열로 편 가르기를 하고, 온갖 질투를 하면서 오로지 내 아이만은 좋은 대학 보내 성공시켜야 한다는 마음뿐인데, 이곳 합창단원들은 달랐다. 아름다운 멜로디에 의미 있는 가사를 입혀 가슴으로 부르는 노래 때문인지 겉으로 드러나는 것보다는 내면의 것을 볼 줄 아는 순수함이 있었다. 따라서 표정들도 가식이 아닌 편안함이 서려 있었다. 그중 어떤 엄마는 "아이가 훗날 무엇을 하든 즐겁고 행복한 것을 했으면 좋겠어요."라고 말했다. 그 엄마의 표정은 항상 밝고 행복했다. 그리고 그 좋은 에너지는 주변의 모든 것을 변화시키는 힘이 있었다.

['소리모아' 어머니 합창단 정기 공연]

"아이가 사춘기로 접어드는 순간, 엄마도 자신의 길을 찾아야 한다. 예를 들어 운동을 한다든지 책을 읽는다든지 뜨개질을 한다든지 독서 모임에 참여한다든지 동네 엄마들과 만나서 수다를 떠는 등 내 아이에게 집중된 집착을 분산시키는 게 중요하다. 그렇지 않으면 아이한테 더욱더 집착하게 되고, 아이는 아이 나름대로 그런 엄마가 부담스러워 피하게 되면서 관계는 더욱더 틀어지게 마련이다."

1-5 걷잡을 수 없이 빠져들어가는 아이돌의 늪

♪바람이 서늘도 하여 뜰 앞에 나섰더니 서산머리에 하늘은 구름을 벗어나고 산뜻한 초사흗달이 별 함께 나오더라 달은 넘어가고 별만 서로 반짝인다~♬

이병기 작사, 조성은 작곡의 '별'이라는 이 노래는 정말이지 온몸에 전율을 느끼게 할 정도로 감성적이고도 아름다운 곡이다. 이 노래를 소프라노, 메조, 알토로 나누어 화음을 맞추고 있노라면 순간 울컥 하는 감동이 밀려온다. 그렇게 온 힘을 다해 열창을 하고 나면 내 안의 나쁜 기운이 싹 빠져나가는 느낌이라고나 할까? 아무튼 음악의 힘은 대단했다. 그 힘으로 당시 힘든 시기를 잘 견뎌냈고, 나 스스로를 어느 정도 변화시키는 기적도 만들어 낸 것이다.

이처럼 나는 이제 예전의 내가 아닌데, 그러니까 아이의 공부에 만 관심 있었던 그런 엄마가 아니라는 것이다. 하지만 그런 내 마음도 모른 채 아이의 방문은 여전히 굳게 닫혀 있었다. 도대체 방 안에서 무엇을 하는지 도저히 알 수가 없었다. 아이가 가끔 화장실을 간다거나 냉장고에서 뭔가를 찾을 때만 열리고 문은 곧바로 닫혔다. 아이의 방 안에는 책상과 침대, 옷장 그리고 휴대 전화가 전부다. 휴대 전화는 아이가 초등학교 때부터 너무나 원해서 사줬던 게 이제는 아이와 떼려야 뗄 수 없는 관계가 되어버렸다.

가끔 휴대 전화로 아이돌 그룹인 엑소 노래가 흘러나왔다. 그 당시 엑소의 인기는 하늘을 뚫을 정도로 절정이었는데, 외모도 출중한 데다가 노래도 잘하는 그야말로 완벽한 아이돌이었다. 엑소는 초등학생부터 30대 여성까지 좋아하는 팬층이 워낙 광범위하여 그 인기는 날이 갈수록 더 폭발적으로 확대되어 갔고, 그 흐름에 내 아이도 편승을 하고 있었다.

♪~뒤집고 무너뜨리고 삼켜 그래 널 훔쳐 탐닉해 널 망쳐 놓을 거야 네 맘속에 각인된 채 죽어도 영원히 살래 Come here girl You call me monster 네 맘으로 들어갈게~♬

엑소가 최고의 인기를 누린 '몬스터'라는 노래다. 딱 사춘기 아이들의 심리를 자극하는 가사와 웅장하면서도 파격적인 리듬에 어른인 나도 혹 하는 반응을 보일 수밖에 없었다. 다만 가사가 집착에 대한 파멸을 부추길 수 있어서 다소 우려되었다. 그래도 시대가 시대인 만큼 부모도 열린 마음으로 청소년 아이들과의 눈높이를 맞춰야 한다고 생각했기에 그냥 거부감 없이 있는 그대로 받아들였다.

그러던 어느 날, 아이는 엑소 콘서트에 서서히 문을 두드리기 시작했다. 콘서트가 개최되는 때와 장소를 이미 다 파악하고 있었고, 콘서트표를 구하기 위해 PC방에 가서 티케팅을 시도하였다. 물론 나는 아이와의 관계를 조금이나마 좁히기 위해서 아이가 원하면 해주겠다고 했다. 하지만 표를 구하기란 '하늘에서 별 따기' 만큼 힘들었다. 만약 티케팅에 성공하지 못하면 방법은 한 가지 있었다. 이미 표를 구한 사람이 다시 되파는 경우가 생기는데, 그때 기존 표값의 몇 배에 달하는 돈을 주고 사는 것이다.

그러다 보니 부모 입장에서는 정신적, 경제적으로 부담이 너무 컸다. 한두 번 가고 말 것도 아닐 텐데 앞으로 아이를 어떻게 설득할 것인지 그야말로 갈수록 태산이었다. 당시 남편과 나는 우리가 자라온 시대를 거론하면서 지금 아이들이 부족한 것 없이 너무 호강하며 살고 있다는 것을 자주 얘기하곤 했었다. 아니, 지금 시대는 풍요 속의 빈곤이 맞을지도 모르겠다. 아무리 물질적으로 채워져도 마음은 늘 텅 비어 있다는 것일 게다.

드디어 올 게 왔다. 티케팅에 실패한 아이는 온갖 짜증에 안절

부절못하는 행동까지 보였다. 그땐 이미 아이가 엑소에 푹 빠져 있는 상태였으리라. 난 신경이 곤두설 대로 곤두섰지만 마음을 가라앉히고 차분하게 아이와 대화를 이어 나갔다. 사실 거액을 지급해서라도 엑소 콘서트를 보여 주겠다고 마음을 먹은 상태였기 때문에 굳이 아이와 쓸데없는 입씨름을 할 필요는 없었다. 다만 앞으로가 문제였다.

"티케팅 잘 안 됐니?"
"……."
"대답을 해야 알지. 도대체 어떻게 됐는데?"
"말하고 싶지 않아요."
"후유! 정말 답답하다. 그냥 이번에 엄마가 돈 줄 테니까 티켓 다시 되파는 사람한테 구해 봐."
"알았어요."
"이왕이면 좀 싸게 파는 사람한테 알아보렴."
"……."

결국 엑소 콘서트 개최 며칠 전, 표 한 장을 무려 450,000원에 구입했다. 정말 금액이 어마어마했다. 그래도 약속을 했으니 들어줄 수밖에 없었다. 하지만 이런 아이돌 문화가 자칫 부모와 아이들 사이를 더 갈라놓을 수도 있겠다는 생각이 순간 내 뇌리를 스치고 지나갔다. 기존의 엔터테인먼트 기획사에서는 이런 식으로 계속해서 아이돌 스타들을 발굴할 것이며, 이에 따른 콘서트 관련 상술도 계속해서 음지쪽으로 퍼져 나갈 거라는 암담한 미래만이 그려질 뿐이었다.

이후 콘서트를 보고 온 아이는 좀처럼 흥분을 가라앉히지 못하고 며칠을 그 환상 속에서 허우적거렸다. 오로지 대화는 엑소뿐이었다. 모든 대화의 내용이 엑소 멤버들과 노래, 그리고 관련 기사들이었다. 사실 들어주는 것도 한계가 있다 보니 가끔씩 "이제 그만 좀 해. 너는 걔네들 말밖에 할 말이 없냐?"라는 핀잔을 주곤 했다. 그러면서 겸사겸사 "넌 공부는 안 하니?" 하고 잔소리를 툭 내뱉으면 아니나 다를까 곧바로 "그만 얘기해요. 내가 알아서 할 테니."라는 쌩한 대답뿐이었다.

그렇게 시간이 흐르고……. 또다시 엑소가 출연하는 콘서트가 화성에서 개최되던 날, 표 가격이 워낙 저렴해서 아이 아빠와 나도 덩달아 콘서트 구경을 할 수 있었다. 수많은 청소년들과 부모들이 어우러져 그야말로 축제 분위기였다. 그날 나도 흥분된 기분으로 엑소 노래에 점점 빠져 들어갔고, 품위고 뭐고 다 내던진 채 온몸을 흔들며 그동안 쌓인 스트레스를 다 풀었다. 정말이지 아이들이 왜 엑소에 그토록 열광하는지 알 만했다.

그 이후로도 식을 줄 모르는 엑소에 대한 열정이 아이의 마음을 끊임없이 불사르고 있었다. 적어도 3년 가까이.

"아이가 사춘기에는 자신에게 꽂힌 관심사, 특히 연예인, 화장품, 메이커 옷, 게임 컴퓨터 외, 휴대 전화 등에 집착하면서 엄마에게 끊임없이 얘기하곤 한다. 솔직히 어느 순간 귀를 아예 닫아버리고 싶을 정도로 피곤해질 때가 있다. 하지만 엄마는 인내를 갖고 가능한 한 아이가 원하는 것에 귀를 기울여 주고, 관심을 가져주는 게 그나마 사춘기를 무난히 넘길 수 있는 하나의 방법이 될 수 있다. 물론 설득이 통하지 않는 경우엔 아이가 원하는 걸 들어주는 것도 관계 악화를 피해 가는 길이다. 그렇지만 결코 쉽지 않다."

1-6 가족끼리 외식한 지가 언제지?

네 식구가 오붓하게 고깃집에 둘러앉아 삼겹살 구워 먹은 지가 언제였을까? 아이 아빠는 불 위에 지글지글 삼겹살을 굽고 있고, 나는 노릇노릇하게 구워지도록 수시로 뒤집어가며 손놀림이 분주하다. 그러면 아이들은 주린 배를 움켜잡은 채 빨리 달라고 보채면서 행복한 기다림을 즐긴다. 그런데 아쉽게도 이런 단란했던 분위기는 큰아이가 초등학교 6학년 때까지였다. 그리고 그 이후로는 고깃집에 남편과 나 그리고 둘째 아이만 가다가 지금은 남편과 나 둘만 간다.

사실 나도 사춘기 때, 아빠가 모처럼 삼겹살 먹으러 가자고 해서 가긴 했는데 그때 언니, 나 그리고 남동생 셋 다 우울한 사춘기 시절이었다. 그도 그럴 것이 아빠는 모처럼 대화를 나누고 싶어서 고깃집에 가자고 한 건데, 우리들은 한마디도 하지 않고 고기만 꾸역꾸역 먹다가 집에 왔던 기억이 난다. 그때 술에 취한 아빠의 분노가 극에 달해 밤새 공포에 떨기도 했었다. 지금 생각해 보면 어느 가정이든 사춘기를 겪고 있는 가정은 그야말로 어두운 터널을 지나고 있는 것과 같을 것이다.

"잘 지내니?"

"잘 지내긴 뭘 잘 지내. 그냥 하루하루 사는 게 힘들어. 너는?"

"나도 요즘 너무 우울해. 언제 끝날지도 모르는 어둡고 긴 터널을 지나고 있는 것 같아."

"아이들 때문에?"

"응."

"사실, 나도 그래. 사춘기가 이렇게 무서운 줄 어떻게 알았겠니. 일단 밖에 나오면 집에 들어가기가 싫더라."

"이건 좀 말하기가 그런데……. 나 요즘 우울증약까지 먹고 있어. 내 의지로는 버텨내기가 너무 힘들어."

"그 정도로 힘들어? 난 그래도 합창단에 들어가서 노래 부르니까 좀 나아지더라. 같은 처지에 있는 엄마들도 있어서 서로 위로가 되는 것도 있고……. 너도 아이들한테 너무 집착하지 말고, 즐거운 일을 한번 찾아봐."

언젠가 친구로부터 전화가 와서 주고받은 얘기이다. 그 당시 나도 힘들었지만 그 친구는 더 힘들었던 것 같다. 그 친구는 나보다 결혼을 빨리 해서 아이가 고등학생이었는데 뒤늦게 사춘기가 찾아왔는지 종종 가출도 하고, 엄마한테 욕까지 하는 불효자로 돌변한 것이다. 오히려 중학생 때는 공부도 잘하는 모범생에다가 착하기까지 해서 아들 잘 뒀다고 친구들의 부러움을 한몸에 받았던 친구였다. 그러니 당시 얼마나 속이 새까맣게 타들어 갔을지 충분히 짐작이 가고도 남았다.

사실 우리 집도 강도의 차이만 있을 뿐 마찬가지였다. 가족끼리 나가서 외식하기는커녕 함께 집밥 먹은 지도 꽤 오래되었다. 서로 얼굴 마주보는 게 어색할 정도로 집안 분위기는 삭막하고 어두웠다. 그래도 난 지금까지 '의미'란 것에 가치를 두고 살아왔기 때문에 누가 시켜서 억지로 하는 것은 딱 질색이었다. 그래서 아이를 억지로 식탁으로 나오게 한다거나 굳이 외식을 하자고 강요하지도 않았다. 그냥 아이가 원하는 대로 자기 방에서 먹고 싶다고 하면 따로 상을 차려주곤 했다. 다만 밥이 먹기 싫다고 하면 굶으라고 할 수는 없는 일! 아이가 원하는, 입에 척척 달라붙는 배달 음식을 주문해 주느라 경제적 부담이 컸다.

배달 음식이라도 좀 영양가가 있는 음식이면 안심이라도 될 텐데 기껏해야 짜장면, 짬뽕, 치킨, 피자, 떡볶이가 전부였다. 이 음식을 돌아가면서 자주 시켜 먹었다. 정말이지 쓸데없는 곳에 돈을 낭비하는 것 같은 느낌이었다. 아무튼 속이 썩어 문드러지더라도 아이가 스스로 깨닫고 돌아올 때까지 기다려 주는 게 부모의 역할인 것 같았다. 그래서 부모들은 부지런히 마음을 비워 놓아야 한다. 그래야만 아이들로 인해 또다시 채워지는 부정적인 감정들을 그나마 받아들일 수 있는 것이다.

나는 사춘기 아이를 대하면서 많은 것을 느끼고 깨달았다. 우선 나의 욕심을 내려놓는 일이었다. 예전에는 욕심이 생겼다 하면 무조건 성취하기 위해 나 자신을 달달 볶는 경향이 있었는데 내 뜻대로 안 되는 상황에서는 아예 처음부터 욕심을 부리지 않음으로써 느긋한 마음이 생겼다. 두 번째는 집착으로부터 벗어나는 일이었다. 아이가 자신한테 집착하는 것을 너무 부담스러워했고, 이로 인해 나도 아이에 대한 집착에서 벗어남으로써 조금은 자유로워졌다. 세 번째는 아이 나름대로 서서히 독립심이 키워지고 있었다. 그러니까 엄마가 아이에 대한 욕심과 집착을 버림으로써 아이도 엄마에 대한 의존 경향이 점점 사라진다는 것이다.

포유류 가운데 사자라는 동물은 새끼를 낳아 키우다가 어느 정도 자라면 절벽 낭떠러지에 자신의 새끼를 밀어버린다고 한다. 그러니까 떨어져서 살아남으면 좋은 거고, 행여나 죽더라도 어쩔 수 없는 것이리라. 사실 우리나라 엄마들 대부분은 자식들을 끔찍이도 생각한다. 좋은 음식에 좋은 옷, 좋은 물건, 좋은 환경 등 하나에서 열까지 모두 챙겨 주면서 아이를 향한 집착이 가히 하늘을 찌른다. 그러다 보니 캥거루족이 많이 늘어난다. 캐나다에서 살고 온 지인과 이런 대화를 한 적이 있었다.

"한번은 캐나다에 살면서 이런 광경을 목격한 적이 있었어."

"무슨 광경이었는데?"

"내가 살고 있던 인근에 어느 한 가정이 있었는데, 그 집 아이가 20살이 되던 해에 그 엄마는 큰맘 먹고 아이의 독립을 위해서 밖으로 내쫓았던 것 같아. 그런데 며칠 후에 아이가 적응을 못하고 다시 집으로 돌아오자 그 엄마는 아주 무서운 얼굴을 하면서 다시 밖으로 내쫓았어. 물론 그 가정의 숨겨진 스토리는 잘 모르겠지만 그래도 무섭더라."

"와우! 그 엄마 정말 대단하다. 아이가 강하게 자랄 수 있도록 끊고 맺는 게 정확하네. 사실 자식을 사랑하지 않는 부모가 어디 있겠니? 다만 그 사랑의 표현이 다를 뿐이지. 아무튼 정말 용기 있는 멋진 엄마네. 당시 그 아이는 엄마가 무척 원망스러웠겠지만 말이야."

"엄마캥거루 배주머니 속의 새끼 캥거루! 늘 항상 주머니 속에 새끼를 넣고 다니는 엄마 캥거루의 고단함은 점점 늙어갈수록 힘에 부친다. 새끼가 어느 정도 자라면 서로를 위해서라도 이제는 그 배주머니 속에서 새끼를 빼낼 수 있는 용기도 필요하다. 부모들은 아이들이 성인이 됐을 때 온전한 독립을 할 수 있도록 다소 냉정할 필요가 있다."

1-7 그 옛날, 공부하던 모습은 어디로

왜 머리가 산발이 된 채 책상에 앉아 무언가를 만지작거리며 연구에 몰두하는 과학자의 뒷모습이 생각났을까? 그건 나도 모르겠다. 거실에서 아이의 방을 보고 있노라면 책상 앞에 앉은 아이의 뒷모습이 보인다. 무언가를 열심히 만지작거리다가 갑자기 책상에다가 세게 내리친다. 그것은 다름 아닌 액체 괴물이었다. 말랑말랑한 게 만질 때의 느낌이 너무 좋고, 손에 잘 달라붙지도 않는다. 아무튼 아이는 하교 후 집에 돌아오면 늘 책상에 앉아 액체 괴물을 만지면서 시간을 보냈다. '철퍼덕철퍼덕' 다량의 액체 괴물을 책상에 내리치는 소리였다.

적어도 중학생이라면 책상 위에 책과 노트 그리고 필기도구가 있어야 한다고 생각했는데, 한동안 아이의 책상 위에는 어마어마한 양의 액체 괴물만 덩그러니 놓여 있었다. '도대체 왜 저럴까?'

그저 한숨만 푹푹 나왔지만 또 잔소리를 하면 버럭 화부터 낼까 봐 참고 또 참았다. 사실 초등학생들 사이에서는 액체 괴물이 인기 폭발이었다. 그것으로 무언가를 만들면서 창의성도 키우고, 또 촉감을 통해 정서적으로 안정감도 찾을 수 있는 유익한 물건이었다.

그런데 공부해야 할 중학생이 많은 시간을 할애해 액체 괴물만 만지고 있으니까 옆에서 지켜보는 엄마로서는 초조하고 답답한 마음이 생길 수밖에 없었다. 아이가 몸담고 있는 OO중학교는 1학년 1학기 때 내신을 본다. 그렇다면 내신 점수는 생활기록부에 고스란히 올라가기 때문에 신경을 좀 써야 하는데 아이는 아무런 생각이 없어 보였다. 적어도 목동이라는 교육 특구로 옮겨 온 데는 분명한 이유가 있었는데 말이다.

아이는 목동으로 이사 오기 전, 초등학교 때까지 공부를 아주 잘했다. 특히 6학년 때는 전체에서 1등을 할 정도로 빛을 발했다. 학교에서나 학원에서나 아이를 가르치는 선생님들마다 남다르다는 말씀을 자주 해주셨기 때문에 엄마인 나도 항상 어깨가 으쓱 올라가 있었고, 교육에 대한 열정이 많은 엄마들 중의 한 사람으로서 자리매김을 하고 있었다. 하루하루가 행복했다. 아이가 공부를 잘해 주니까 늘 쳇바퀴 도는 고리타분한 삶일지라도 아이를 향한 희망이라는 게 생기고, 더불어 삶의 의미도 생겨났다.

"아이들 공부는 집에서 어떻게 시켜요?"

"그냥 매일 문제집 한 장씩 풀리고, 영어 학원에서 내 준 숙제가 전부예요."

"학원은 많이 안 보내시나 봐요?"

"영어 학원, 논술 학원이 전부죠."

"수학 선행은 전혀 안 시키세요?"

"빨리 지칠까 봐 무리한 선행은 안 시켜요."

"아무튼 아이가 공부를 잘해서 뿌듯하시겠어요."

"아이고! 별말씀을요."

길거리에서 아는 엄마들을 만나면 주로 이런 질문을 나에게 던졌다. 그럼 나는 솔직하게 아이의 공부법을 얘기해 주었고, 집으로 돌아오는 발걸음은 항상 가볍고 행복했다. 그렇게 아이의 마지막 초등학교 시절을 보낼 즈음, 아이의 중학교 진학 문제에 대해서 남편과 진지한 얘기를 나눴다. 아이의 그릇이 작으면 어쩔 수 없다지만 공부도 잘하고, 하고자 하는 욕심도 있는데 굳이 더 큰 세상으로 나가지 못할 이유는 없었다. 그래서 결국 선택한 곳이 목동이었다. 사실 강남은 경제적인 부담도 있었고, 교육열이 너무 빡센 곳은 나 또한 거부감이 있었다.

그렇게 어느 정도 시간이 흐르고, 중학교 1학년 중반으로 향하던 시기에 책상 앞에 앉아 하루 종일 액체 괴물을 만지고 있는 아이의 모습을 보고 있노라니 어떤 부모가 미치지 않겠는가! 그동안 무더기로 보관해 놓았던 액체 괴물을 쓰레기통에 싹 갖다버리고, 아이와도 한바탕 소동을 벌였다. 솔직히 엄마인 나보다도 아이 아빠가 더 흥분한 나머지 조금의 흔적도 남김 없이 모조리 다 없애버렸다. 물론 이후 아이와 아빠와의 거리는 더 멀어졌다.

순간순간 '내가 잘하고 있는 것일까?' 하는 의심이 생겼다. 학생의 신분으로서 공부는 안 하고 오직 액체 괴물만 만지고 노는 아이를 그냥 내버려 둘 것인지, 아니면 혼을 내서라도 못하게 할 것인지에 대한 갈등이 나를 굉장히 힘들게 만들었다. 사실 설득하는 말투로 "너 지금 한창 공부할 시기인데, 그런 거는 되도록 자제하면 안 되겠니?"라고 하면 왠지 먹혀들어갈 것 같지만 전혀 그렇지 않았다. 그러한 상황에서는 아예 무관심이나 언쟁, 더 나아가서는 폭력밖에 답이 없었다. 남들이 흔히 말하는, 피가 차가운 파충류인 사춘기였으니까.

"액체 괴물이 아이들한테 정서적으로 굉장히 안정감을 줘요."

"그래도 지금 중학생인데……."

"어른인 저도 심심할 때 만지는데요."

"와우! 정말요?"

"저도 가끔 딸아이가 만지고 놀던 액체 괴물을 만지는데, 매우 느낌이 좋고, 기분도 좋아지더라고요. 그냥 만지고 싶을 때 실컷 만지게 해주세요. 그러다 보면 그동안 쌓인 스트레스도 서서히 풀리지 않겠어요?"

"그것도 맞는 말 같네요. 참고해 볼게요."

그야말로 편안하게 아이들을 잘 키우는 엄마가 나에게 해준 말이다. 그 엄마는 아이들에게 공부하라고 절대로 강요하지 않는다. 다만 아이들이 공부를 즐겁게 할 수 있도록 환경을 만들어 주는데 온갖 정성을 기울인다. 그러니까 예를 들어 수학에 있어서 도형에 관심을 보이면 수학 문제집을 들이대는 게 아니라 블록을 가지고 놀게 하면서 도형에 대한 감각을 키우게끔 만들어 준다. 참으로 지혜로운 엄마다.

"아이들의 교육에 있어서 엄마와 학원이 다른 점이 있다. 학원은 '점수'라는 눈에 보이는 결과를 이끌어낸다면 엄마는 그 결과에 앞서 공부에 흥미를 불러일으킬 수 있도록 편안한 환경과 정서적 안정 그리고 아이를 향한 믿음, 아낌없는 사랑과 칭찬 등 과정을 마련해 주는 역할을 해야 한다."

1-8 시베리아를 녹여 줄 강아지의 출현

“쉬이익~” 새하얀 눈으로 뒤덮인 까마득한 광야에 거대한 눈보라가 휘몰아치고 살을 에는 듯 극한의 추위로 모든 게 꽁꽁 얼어붙은 시베리아를 생각해 보았는가! 그런데 그 시베리아가 우리 집에도 찾아왔다. 집안이 온통 썰렁했다. 밖에서 지친 몸과 마음을 가정에서 위로받고 싶은데 전혀 그렇지 못했다. 사춘기의 위력이 얼마나 센지 우리 가정은 점점 더 꽁꽁 얼어붙고 있었다.

아무래도 따뜻한 온기를 채워 줄 그 무언가가 절실했다. 그래서 생각해 낸 것이 꼬리를 살랑살랑 흔들면서 애교를 떨어 줄 강아지였다. 실제로 강아지를 키우고 있는 주변 엄마들 얘기를 들어보니 가족들이 강아지를 중심으로 모여든다고 했다. 바로 그거였다. 어떻게든 뿔뿔이 흩어진 우리 가족의 몸과 마음을 하나로 모으는 게 우선이라고 생각했다. 그런데다가 마침 둘째 아이가 친구들도 다들 강아지 키운다며 몇 날 며칠을 사 달라고 조르는 상황이었다.

결국 강아지를 키우기로 다 같이 합의를 한 후 동네 애견숍으로 향했다. 사실 그 전에 난 유기견 보호소에 있는 상처받은 강아지를 키우고 싶었다. 그냥 그런 강아지들이 더 애틋했고, 그만큼 사랑을 더 주고 싶었다. 그런데 남편과 아이들이 주저하는 바람에 애견숍으로 갈 수밖에 없었다. 애견숍 문을 열고 들어가는 순간, 귀엽고 앙증맞은 강아지들이 '나 좀 데려가 주세요.'라고 말하는 듯 좁은 우리에 갇혀 애처롭게 우리 가족을 응시하고 있었다.

그중 유난히 사랑스럽게 생긴 한 녀석이 눈에 들어왔다. 아이들도 마찬가지였는지 그 강아지 앞에서 눈을 떼지 못했다. 난 그때 다른 강아지들을 죽 둘러보면서 그저 불쌍한 마음뿐이었다. 혹시라도 사람들의 선택을 받지 못하는 강아지들은 그 미래가 어찌 된단 말인가! 아무튼 무거운 발걸음을 뒤로 한 채 우리 가족은 맨 처음 눈에 들어왔던 그 강아지를 데리고 집으로 돌아왔다. 그 당시 두 손에 다 들어왔던 작고 앙증맞은 강아지, 지금 그 녀석을 안을라치면 20kg짜리 쌀 포대를 안는 기분이라고나 할까!

"얘들아, 우리 강아지 이름 뭐로 지을까?"

"그러게요."

"결혼 전에 엄마가 키우던 쪼롱이 이름을 따서 그대로 쪼롱이라고 지을까?"

"에이! 그건 싫어요."

"그러면 무슨 이름이 좋을 것 같아?"

"뽀삐?"

"바둑이?"

"그 이름은 너무 촌스러워."

"자, 그럼 엄마는 무엇이든지 의미 있는 것을 좋아하니까 '해피'라고 짓자. 이유는 지금 우리 가정이 너무 우울하잖아. 그러니까 해피가 앞으로 우리 가정에 행복을 전해 준다는 의미로 '해피'라는 이름이 제일 좋을 것 같아."

"그래요. 그럼 우리 앞으로 '해피'라고 불러요."

그렇게 해피는 사랑스러운 우리 가족이 되었다. 언제나 꼬리를 살랑살랑 흔들며 반겨 주는 해피를 보면서 전에 없었던 미소가 서서히 번지기 시작했다. 물론 굳게 닫혀 있었던 큰아이의 마음의 문은 쉽게 열릴 기미가 보이지 않았다. 다만 사랑스러운 해피가 우리 집에 있음으로써 느껴지는 따뜻한 분위기, 마음의 위안 등을 느끼는 것만으로도 분명 언젠가는 돌아오리라는 확신이 있었다. 결혼 전에도 퍼그라는 강아지를 키웠는데, 강아지를 중심으로 온 가족이 모여 늘 화기애애한 분위기가 조성됐었다.

먹이고, 씻기고, 털 깎아 주고, 발톱 깎아 주고, 똥 치워 주고, 오줌 치워 주고, 가끔씩 산책 시켜 주는 등 강아지 한 마리 키우는 게 갓난아기 키우는 것과 거의 맞먹는다. 매일매일 정성껏 키웠다. 아이에게 갈 사랑을 해피한테 다 쏟아 부은 것 같았다. 어디가 아파도, 무언가 못마땅해도, 불평불만 없이 항상 꼬리를 흔들며 반기는 강아지를 보면서 내 마음은 더욱더 애틋해졌고 더 많은 사랑을 주고 싶었다.

그러던 어느 날, 또다시 시베리아 바람이 불기 시작했다. 늘 그렇듯 아이와 내가 부닥치는 것은 학원 문제였다. 학교는 군소리 없이 가는데, 학원은 가기 싫은지 자꾸만 빠지려고 했다. 그러다가 화목반, 즉 화요일과 목요일에 가야 하는 수업을 빠질 경우, 번거롭게 수요일이나 금요일로 옮겨야 했고, 아예 수업을 다른 요일로 옮길 수조차 없을 경우엔 그에 따른 학원비는 고스란히 허공에 날리는 셈이 되었다. 그러다 보니 학원비를 거론하면서 아예 그만두라고 윽박지를 수밖에 없었다. 그런데 그것도 한두 번이지 매번 이런 일이 발생하면 그 스트레스가 정말 엄청났다. 따라서 아이한테 큰소리를 치게 되고, 나아가 심한 욕설까지 퍼붓는 등 아이와 한바탕 난리를 쳐댔다.

해피도 이런 집안 분위기가 파악되는지 큰아이한테는 접근하지 않았다. 정말 웃긴 건, 조용한 집에 뭔가 분란이 생길 것 같은 조짐이 보이면 해피는 어디론가 사라진다. 한바탕 전쟁을 치르고 난 뒤 “해피야! 해피야!” 이름을 부르면서 찾으면 눈에 띄지 않는 구석에 웅크리고 숨어 있다. 여하튼 그런 해피의 모습이 더 큰 싸움으로 번질 수 있는 상황을 다소 잠재워 준 역할도 했다.

지금 해피는 3살이다. 처음 우리 집에 올 당시만 해도 생후 4개월된 아기였는데, 지금은 다 큰 성견이 되었다. 너무 순하고 착해서 가족들의 사랑을 거의 독차지 할 정도로 예쁨을 많이 받는다. 사실 그동안 먹을것을 너무 많이 줬더니 가리지 않고 먹다가 돼지 강아지가 되어버렸다. 그래도 너무 귀엽고 사랑스럽다. 간혹 옆으로 누워 있는 등 쪽을 보고 있노라면 탱글탱글한 소시지처럼 보이고, 얼굴은 때론 박쥐처럼, 때론 코알라처럼 보이는 게 정말 웃긴다. 또 코는 얼마나 심하게 고는지…….

그 잔인하고도 혹독한 시기에 해피가 있었기에 지금의 행복도 있는 게 아닌가 싶다.

"동물을 학대하는 것은 정말이지 천벌을 받을 일이다. 인간들도 때론 동물에게 배울 점이 많다. 아파도 징징대지 않는 인내, 주인을 따르는 순종, 보기만 해도 행복해지는 위안, 집안 분위기를 잘 파악하는 눈치 등등. 따뜻한 체온이 있고, 털이 있고, 눈을 보면서 교감할 수 있는 동물, 특히 나에게 있어서 강아지는 지치고 힘든 삶에 커다란 위안으로 다가왔다."

1-9 잠만 자는 방 안의 괴물

잠자는 숲속의 공주도 있지만 잠만 자는 방 안의 괴물도 있었다. 늘 잠에 취해 사는 바로 우리 집 큰아이이다. 하교 후 집에 와서 간식을 먹은 후 잠자기 시작하면 누가 업어 가도 모를 정도로 잠의 세계에 완전히 빠져버린다. 그러니 아이한테는 당연히 저녁쯤에 가야 할 학원이 지옥일 수밖에 없었고, 그런 아이를 깨워야 하는 난 엄청난 스트레스에 시달릴 수밖에 없었다. 그야말로 악순환이었다. 아이가 낮잠을 참아내지 않는 이상 이 악순환의 고리는 도저히 끊어낼 수가 없었다. 게다가 야행성이다. 오후에 잠을 자고 이른 새벽에는 말똥말똥해지는, 정말이지 미치고 환장할 신체적 리듬이었다.

가족들이 깨어 있을 때 아이는 자고 있고, 가족들이 자고 있을 때 아이는 홀로 깨어 있다. 그러다 보니 함께할 수 있는 것이 거의 없었고, 관계도 점점 어긋날 수밖에 없었으리라. 칠흑 같은 어둠이 깔리고 다들 꿈속 세상으로 빠져들 무렵, 아이는 혼자 거실로 나와서 컵라면을 끓여 먹기도 하고, 냉장고를 뒤지고, 음악을 듣는 등 굳게 닫힌 방 안에서 혼자만의 세계에 푹 빠져 있곤 했다.

그렇다고 이미 형성된 그 신체적 리듬을 바꾸라고 할 수도 없는 일! 가능한 한 사춘기를 겪고 있는 아이와 부닥치지 않으려고 그냥 조용히 지냈다. 그런데 문제는 잠자고 있는 아이를 깨울 때였다. 새벽까지 잠을 자지 않고 있다가 2~3시쯤 잠이 들면 당연히 아침엔 몸이 천근만근이리라. 그래서 시간을 넉넉히 잡고 깨워야만 했다. 그것도 그냥 "일어나!" 하고 말만 하는 게 아니라 가능한 한 기분 좋게 일어날 수 있도록 등을 긁어 주는 등 가려운 곳을 긁어 주면서 깨웠다.

"아침 7시다. 이제 일어나야지. 자, 등 긁어 줄게."

"……."

"어때, 시원해?"

"응."

"또 어디 가려워?"

"종아리 바깥쪽."

"……."

"시원하지? 엄마 같은 사람이 어디 있어, 아침마다 이렇게 등도 긁어 주고, 기분 좋게 깨워 주는 사람이."

"여기도 가려워요."

"알았어. 지금, 7시 10분이니까 이제 일어나야 된다."

매일매일 아이를 이런 식으로 깨웠다. 물론 바쁜 아침에 이렇게 깨우는 게 쉽지만은 않았다. 하지만 아이가 사춘기를 겪고 있는 상황에서는 최대한 인내가 필요했다. 어떻게 해서든 아이와의 관계를 좋은 방향으로 이끈 다음 엄마로서 조언도 할 수 있는 것이고, 공부하라고 얘기도 할 수 있는 것이리라. 그래서 난 아이와의 어긋난 관계를 가장 빨리 회복할 수 있는 방법으로 '잠 깨우기'를 생각했다. 특히 모든 문제가 잠으로부터 발생했기 때문에 내가 앞으로 해결해야 할 커다란 과제였다.

하지만 기분 좋게 깨워 줘도 다 먹혀들어가지는 않았다. 기분 좋게 일어나면 정말 다행이고, 때때로 온갖 짜증을 내면서 안 일어나는 게 문제였다. 그러다 보면 결국 학원 가는 시간과 맞물려서 엄마인 나는 마음이 다급해지고, 강제로 일어나게 하려니 관계도 어긋나고, 결국 큰소리가 나오면서 아이의 방문은 또다시 "쾅" 하고 닫혀버린다. 이 같은 문제는 아이를 키우는 과정에서 내가 가장 스트레스를 받았던 경우였다.

어느 날 저녁, 중학교 1학년 학부모 반 모임이 있었다. 저녁 식사 겸 술자리 모임이었다. 엄마들도 어두운 밤이 좋은지 낮에 만

나는 것보다는 한결 자유로운 모습이었다. 어색한 분위기도 잠시, 술 한잔씩 걸쭉하게 들어가니까 하나하나 숨겨 놓았던 얘기보따리가 풀리기 시작했다. 사실 난 허심탄회하게 얘기하는 것을 좋아해서인지 솔직한 엄마들에게 끌렸다. 나도 물론 그동안의 힘들었던 일을 죽 얘기하면서 폭풍수다를 떨었다.

대부분의 엄마들은 거의 같은 문제로 힘들어하고 있었다. 공부를 안 하는 것, 잠을 너무 많이 자는 것, 부모한테 말을 함부로 하는 것, 방문 잠그는 것, 게임 중독, 진한 화장, 이성 친구, 학원 안 가려고 하는 것, 아이의 이기적인 마음, 정리정돈 안 하는 것, 잘 안 씻는 것, 친구 관계 등등 다양한 문제로 마음고생을 하고 있었다. 그중 나처럼 잠으로 인한 갈등이 가장 컸다.

사실 중학교 때는 갑작스러운 호르몬의 영향으로 잠이 무척 많아진다고 한다. 어른들이야 강한 의지로 잠을 이겨낼 수 있겠지만 아직 어린 중학생들은 의지가 약하기 때문에 쏟아지는 잠을 참아낼 수 없는 것이다. 그러다 보니 평일, 주말 할 것 없이 잠에 취해 사는 아이들을 볼 때면 왠지 한심하게 느껴지고, 그래서 잔소리를 하게 되고, 이로 인해 아이하고의 관계가 자꾸만 틀어지는 것이다. 그런데 솔직히 내 경험상으로 비추어 봤을 때, 시기가 시기인 만큼 공부에 시간을 투자했으면 좋겠는데 잠으로 시간을 다 낭비하는 것 같아 엄마로서 불안하고 초조한 마음이 앞설 수밖에 없었다.

여하튼 지금 돌이켜 보건대, 그 당시 아이가 잠을 좀 이겨냈으면 하는 바람이 컸지만 그건 단지 내 욕심일 뿐이었다. 아무리 얘기를 하고, 혼을 내도 쏟아지는 잠은 아이가 스스로 컨트롤 할 수 있는 부분이 아니었다. 모든 것은 다 때가 있는 법! 점점 시간이 지나면서 아이가 스스로 자신의 미래에 대해서 고민할 때, 마음도 성숙해지고, 의지도 생겨 잠을 이겨낼 수 있는 힘도 생겨나는 것이다.

무시무시한 잠과의 싸움! 그건 어른들도 인생을 살아가는 데 있어서 평생 극복해야 할 과제다.

"아이들이 사춘기 때는 하루하루가 잠과의 전쟁이라고 해도 과언이 아니다. 모든 문제가 아이의 잠 때문에 발생한다. 중학교에 들어가면 다녀야 할 학원도 늘어나고, 학교에서는 내신, 수행 평가, 동아리 활동, 봉사 활동 등 해야 할 일이 부쩍 많아진다. 그런데 문제는 그에 정비례하여 잠도 늘어난다는 사실이다. 따라서 아이의 사춘기 시기를 잘 넘기려면 엄마만의 잠 깨우기 노하우는 필수다."

1-10 강도가 점점 세지는 사춘기의 수위

어느 인생 선배와의 대화 내용이다.

"아이가 엄마보다 키가 커지기 시작하면 그때부터 본격적으로 사춘기 행동이 시작될 거야."

"어떤 식으로?"

"음! 그러니까 일단 엄마를 쳐다볼 때 눈을 내리깔고 얘기하는 게 그 시작이지."

"그런 다음?"

"음! 그다음으로는 엄마가 하는 말은 거의 다 무시한다고 보면 돼."

"그럼, 엄마 입장에서 무척 화나잖아."

"그렇겠지. 그런데 엄마가 화를 내면 아이는 더 불같이 화를 내."

"그럼, 어떻게 해야 돼?"

“아이마다 다르긴 한데, 나 같은 경우는 그냥 무시했어.”

“와우! 거의 도 닦은 스님이네.”

“아이도 엄마 말을 거의 한 귀로 듣고 한 귀로 흘릴걸. 만약 아이와 일일이 다 대응하게 되면 스트레스 받아서 오래 못 살아.”

큰아이가 본격적으로 사춘기를 겪으면서 예전, 이 선배의 말이 진정으로 가슴에 와 닿았다. 그 당시 우리 아이는 초등학생이었고, 그 선배의 아이는 중학생이었기 때문에 이러한 얘기가 나에게는 그냥 먼 얘기로만 느껴졌다. 지금 생각해 보면 당시 이 선배의 마음이 얼마나 힘들었을까 싶다. 바라건대 그 고난의 시기를 잘 극복하고 지금쯤 아이랑 잘 살고 있었으면 좋겠다.

사실 내 상황도 거의 비슷했다. 어느 순간 아이가 내 키를 넘어서면서부터 말투도 조금 이상해지고, 왠지 무시당하는 느낌을 받기 시작했다. 처음엔 그냥 그러고 말겠지 싶었는데 하루 이틀 지날수록 강도는 더 세져만 갔다. 그래서 이건 아니다 싶어 따끔하게 혼을 냈는데 무서워하기는커녕 그냥 무시하는 게 아닌가! 정말이지 생각하면 생각할수록 기분이 나쁘고 분했다. ‘내가 도대체 왜 이런 대접을 받고 살아야지? 지금까지 내가 저를 어떻게 키웠는데…….’ 후유! 그냥 한숨만 나왔다. 앞으로 이러한 상황을 어떻게 대처해야 할지 그저 막막하기만 했다.

그러던 어느 날, 아이는 내가 하는 말 한마디 한마디에 시비를 붙이기 시작했다.

"밥 먹으렴."

"……."

"안 들려? 밥 먹으라고 했잖아."

"나한테 언제 얘기했어요? 나는 하나도 안 들렸는데. 그리고 내가 언제 밥 먹고 싶다고 했어요?"

"그럼, 밥 안 먹을 거야?"

"네."

"도대체 왜 안 먹는데?"

"맛있는 게 없어서요."

"어휴! 그럼, 어떻게 맨날 네가 좋아하는 것만 먹니?"

"그럼, 앞으로 밥 안 먹을게요."

"너 도대체 왜 그러는데? 정말 답답해 죽겠다. 너도 나처럼 이런 일을 당한다고 한번 생각해 봐. 아마 병 나 죽을 것이다."

"내 방에서 나가세요."

이후 대화는 아니, 대화보다는 언쟁이 맞을 수도 있겠다. 계속해서 언쟁을 벌이다가 큰소리가 나가고, 결국 서로가 다시는 말 안 할 것처럼 등을 돌리는 일이 계속해서 반복되었다. 어떤 때는 아예 말을 안 하고 살고 싶었지만 엄마와 아이의 관계는 하루에도 수십 번 부닥칠 수밖에 없는 관계였다. 그래서 가끔은 이런 생각도 했다. '부모는 아이를 원해서 낳았지만 자식은 결코 이 세상에 태어나고 싶어서 태어난 게 아니기 때문에 자꾸만 어긋날 수도 있겠구나.'라고.

물론 너무 극단적으로 생각한다고 말할 수도 있겠지만 심각한 사춘기를 겪고 있는 아이의 부모로서는 별의별 생각이 다 들게 마련이다. 사실 눈을 내리깔고, 시비를 붙이고, 무시하는 일 등은 겨우 시작에 불과했을 뿐이다.

한번은 이런 일이 있었다. 거실에서 아이와 내가 말다툼을 하고 있었는데, 아이가 너무 분에 겨웠는지 자기 방으로 문을 "쾅" 닫고 들어갔다. 그때 나도 너무 화가 나서 다시 아이의 방문을 열려고 했고, 아이는 내가 들어오지 못하도록 문을 세게 밀었다. 나도 힘이 만만치 않은지라 있는 힘을 다해 밀어붙인 결과 문에 틈이 조금 벌어졌고, 이때다 싶어 얼른 그 틈을 비집고 머리부터 집어넣다가 안에서 다시 세게 미는 바람에 하필이면 얼굴이 문틈에 낀 적이 있었다. 그때 얼마나 아프던지 눈물이 핑 돌 정도였다. 옆에서 지켜보던 남편과 둘째 아이도 너무 놀란 나머지 어찌할 바를 모르고 발만 동동 굴렀다. 그야말로 내 인생에 있어서 아주 치욕적인 사건이었다.

그런데 더 큰 문제는 아이가 아직 어리고, 스스로에 대한 통제력이 떨어지다 보니 자신의 분노를 조절하지 못해 자해를 하기도 했다. 주로 엄마인 나하고 승강이를 벌이다가 홧김에 자기 손목 안쪽을 자로 긁는 일이었다. 솔직히 너무 무서웠다. 강한 엄마인 척 태연하게 반응을 했지만 앞으로 또 어떤 일이 어떻게 벌어질지 도저히 예측할 수가 없었다. 정말 마음이 아팠던 건 어느 더운 여름날, 아이가 팔이 다 드러나는 반팔 티셔츠를 입었는데, 그때 팔목에 새겨진 흉터가 내 가슴을 마구 후벼 팠다.

아이와 내가 평생 잊지 못할 사건이 또 있다. 그날도 어김없이 아이와 난 '아' 다르고 '어' 다른 문제로 승강이를 벌이고 있었다. 사실 누구 한 사람 양보하면 될 일을 누가 이기나 끝까지 가보자는 식으로 서로가 악이 받쳐 있었다. 그때 이를 지켜본 아이 아빠와 동생까지 상식을 뛰어넘는 큰아이의 행동에 분노를 했고, 그 상황에 난 큰아이를 끌고 아이의 방으로 들어왔다. 그런 다음 대화를 시도했다. 하지만 좀처럼 타협점을 찾을 수 없었고, 분노로 가득 찬 아이의 눈빛은 더욱더 이글이글 타올랐다. 그 순간 아이는 열려 있는 창문으로 급하게 향했고, 아차 싶었던 난 얼른 뒤따라가서 아이의 옷을 붙잡고 늘어졌다. 그리고는 젖 먹던 힘을 다해 창문으로 뛰어내리려는 아이를 잡아끌어 침대로 내동댕이쳤다.

아이는 침대에 엎드린 채 마치 사나운 짐승이 포효하듯 큰 소리로 울부짖었다. 그동안 표현하지 않았던, 아니 표현 방법조차 몰랐던 꾹꾹 참아왔던 감정덩어리를 모조리 토해내는 듯했다.

난 나보다 덩치가 큰 아이를 끌어안고 울고 싶은 만큼 다 울어버리라고 토닥였다. 그렇게 그날 밤은 아이와 나에게 있어서 평생 잊지 못할 잔인한 밤이었으리라. 벌써 3년이 지난 지금, 아이한테 그때 얘기를 꺼내면 아이는 이렇게 말한다. "엄마, 내가 얼마나 겁이 많은데 뛰어내리겠어요. 난 아픈 거 정말 싫거든요." 우리나라 가요 제목에도 있듯이 '세상은 요지경'인 것만은 확실한 것 같다.

"가끔 부모는 키가 훌쩍 커버린 중학생 아이를 보면서 다 컸다고 생각한다. 하지만 단지 몸만 컸을 뿐 생각은 어린아이이다. 16살! 기껏 경험이라고 해봐야 학교, 학원, 집에서의 생활이 전부인데, 부모는 이러한 아이들에게 너무나 많은 것을 바란다. 따라서 아이들이 느끼는 부담감과 압박감은 결국 자신을 학대하는 방법으로 나타나곤 한다. 부모는 아이와의 소통을 통해 아이가 진정으로 원하는 것이 무엇인지 귀를 기울여줘야 한다."

1-11 목동에 와서 망쳤나?

목동으로 이사 오기 전, 우리 집은 성북구 돈암동에 위치해 있었다. 남편 본가가 이 근처에 있었기 때문에 결혼 이후 줄곧 이 동네에서 살았다. 그러다가 큰아이가 중학교를 앞두고 있는 시점에서 아이의 교육 문제가 걱정되었고, 이후 목동이라는 교육 특구로 이사를 결정하게 되었다. '과연 잘 할 수 있을까?' 하는 걱정도 있었지만 난 아이들을 믿었고, 남편의 사업도 어느 정도 자리를 잡아가는 시점이었기 때문에 크게 걱정하지 않았다. 게다가 나의 적응력은 남들이 다 인정하는 부분이었다. 다만 시댁에서는 큰아들이 멀리 떠나간다는 것에 대해 다소 섭섭해했다.

여하튼 목동에 둥지를 틀고 우리 가족은 새롭게 다시 시작하는 기분으로 희망에 가득 차 있었다. 우선 목동에서 소위 잘 나가는 학원을 알아본 후 아이한테 맞는 학원을 선별, 레벨 테스트를 받은 후 본격적으로 다니기 시작했다. 물론 한 번 수업하고 아이와 안 맞아서 그만둔 학원도 있었다. 어떤 일이든 간에 여러 가지 시행착오를 겪어 봐야 스스로에게 맞는 것이 어떤 것인지도 발견해 낼 수 있지 않을까!

목동 진입 초기에는 순조롭게 일이 진행되는 듯싶었다. 그런데 큰아이가 중학교에 입학하면서부터 차츰 삐거덕거리기 시작했다. 아마도 우리 아이뿐만 아니라 다른 아이들도 마찬가지였을 것이다. 우선 초등학교 생활과 중학교 생활이 확연히 달라지고, 거기에 교육의 난이도, 신체적·정신적 간의 불균형, 호르몬 변화, 학원 시간대, 학원 수 등등 아이들의 숨통을 조여 오는 여러 가지 문제가 그동안 순탄하게 걸어온 길을 마구 흔들어댔을 것이다. 특히 우리 큰아이는 중학교 입학과 동시에 전학을 했고, 새로운 친구들, 새로운 학원, 낯선 동네, 공부에 대한 압박감 등이 마냥 착하고 사랑스러웠던 아이를 한동안 괴물로 만들어 간 것이다.

게다가 부모랍시고 아이에게 공부에 대한 압박감만 더 가중시켰다. 그도 그럴 것이 목동으로 이사 온 목적이 아이가 공부를 열심히 해서 결국 좋은 대학에 들어가는 것이 아니었던가! 그런데 이러한 생각이 현실과는 거리가 멀었다. 부모가 아무리 학구열이 높아도 아이가 하기 싫으면 달리 방법이 없었다. 그리고 원래 목동에 살고 있었던 아이들은 기존대로 하면 되는데 이사 온 아이들은 또다시 적응하느라 방황하는 시간이 길 수밖에 없다. 그러다 보니 당연히 실력이 뒤처질 것이고, 이로 인해 의욕도 상실되는 것이다.

큰아이도 그랬던 것 같다. 초등학교 때까지 공부에 대한 자부심이 무척 컸던 아이였는데 이곳에 와서 방황하느라 감을 잃어버리고, 실력도 자꾸만 떨어지고……. 아마도 용의 꼬리가 되어 가는 기분이었을 것이다. 그런데 부모는 그런 자신의 마음도 몰라 주고, 남들과 비교하면서 늘 공부하라는 소리만 했으니 마음속으로 늘 칼을 갈지 않았을까!

"너 참 한심하다. 공부하라고 목동에 왔더니만 오히려 공부를 더 안 하니?"

"엄마가 뭘 알아요?"

"그럼, 네가 집에서 제대로 공부하는 모습이라도 보여 줘 봤어?"

"그걸 꼭 보여 줘야 알아요?"

"그럼, 눈에 안 보이는데 어떻게 알아? 밖에 내다보면 새벽에도 불 켜져 있는 집 많더라. 하루 종일 휴대 전화만 들여다보면서 시간을 낭비하는 아이는 너밖에 없을 거다. 나중에 분명히 후회할 거야."

"그건 엄마 생각이죠."

"아무튼 네 인생, 네가 알아서 해. 그리고 나중에 절대로 부모 탓하지 마."

"쳇!"

중학교 1학년이 지나고, 2학년이 되면서 아이가 좀 달라지기를 바랐다. 하지만 역시나 1학년 때의 연장선상에 있었다. 엄마 입장에서는 시간이 지날수록 더 초조하고 불안해졌다. 원래 초등학교 때는 자사고 내지는 특목고를 보내려고 했다. 물론 아이도 같은 생각이었다. 그런데 중학교 1학년을 보내면서 외고에 대한 얘기는 쏙 들어갔다. 그리고 2학년에 올라가서도 고등학교 진학에 대해서 달리 얘기가 없다가 어느 날, 아이가 한마디 툭 던졌다.

"나 외고 안 가고, 그냥 일반고 갈 거예요."

사실 나도 기대하지 않았다. 그동안 아이한테서 뚜렷한 공부 의지도 보이지 않았거니와 아이돌 그룹에 너무 빠져 있었고, 무엇보다도 학교 내신 점수가 그다지 뛰어나지 않았기 때문에 이미 기대치는 바닥이었다. 그런데다가 OO초등학교 합창단에 입단한 이후 내 인생의 즐거움을 찾는 게 우선이라고 생각했기 때문에 아이에 대한 집착은 당연히 수그러들 수밖에 없었다. 그래도 부모인지라 마음속에는 항상 내 아이가 잘해 줬으면 하는 바람이 있었다.

목동에 와서 많은 엄마들을 만나고 경험담을 들어보았다. 그중 연세대에 입학한 어떤 엄마의 딸은 공부를 할 때 컴퓨터로 교과서의 내용을 전부 기록하면서 외웠다고 한다. 물론 외워질 때까지 몇 번이고 계속 워드 작업을 했다. 그러다 보면 어느 순간 교과서가 통째로 다 외워지는데, 그 과정에서 아이가 엄마한테 "엄마, 나 너무 많이 외워서 그런지 토할 것 같아."라고 했다는 것이다. 머릿속에 내장되어 있는 또 다른 교과서! 정말 제대로 된 공부를 하려면 이렇게까지 해야 되는구나 싶었다.

그리고 또 서강대에 들어간 어떤 엄마의 딸아이는 고등학교 시절부터 시험에 대한 압박감 때문에 제대로 침대에 누워 자 본 적이 없다고 한다. 특히 고등학교 3학년 때는 시험 기간 동안 미리 교복을 입고 준비를 다 한 다음 책상에 앉아 공부하다가 잠깐잠깐 졸고, 등교 시간이 되면 책가방만 챙겨 곧바로 나간다고 한다. 그런데 웃긴 건, 그 당시 형성되었던 공부 습관이 대학에 가서도 그대로 적용되고 있다는 것이다.

다들 무섭게 공부했다. 특히 교육 특구라고 불리는 목동 아이들은 이미 공부하는 습관이 몸에 배어서인지 억지로 공부하기보다는 그냥 일상이었다. 하지만 우리 아이들은 달랐다. 원래부터 빡세게 공부하는 스타일이 아니었기에 큰아이의 경우만 보더라도 목동에서의 공부법이 벅차게 느껴졌다. 그리고 점점 지쳐 가는 모습이 보였다. 그때마다 난 '그냥 가만히 놔뒀으면 잘했을 아이를 목동에 데리고 와서 망쳤나!' 하는 죄책감이 들었다.

"사춘기 아이를 키우고 있는 대부분의 엄마들은 자신에게 하는 아이의 삐딱한 행동을 죽 지켜보면서 순간순간 죄책감에 시달리곤 한다. '혹시, 내가 그동안 뭘 잘못했나?', '혹시 내가 공부를 너무 많이 시켰나?', '혹시, 내가 예전에 때린 것을 기억하나?' 그런데 지나고 보니 '사춘기'라는 것은 부모의 마음을 썩어문드러지게 해야 비로소 직성이 풀리는, 그래서 그 힘으로 스스로를 다시 태어나게 만드는 감춰진 마음의 표출이었다."

PART 2

공부 잘하고 착하니까 드러난 나의 잔인함

2-1 첫째 아이를 향한 욕망

초등학교 1학년 큰아이 입학식이 있던 날, 설레는 마음으로 OO 초등학교 강당에 도착했다. 성북구에서는 워낙 명문초등학교로 통하는지라 아이들이 많이 몰렸다. '시끌벅적', '웅성웅성' 강당 앞에는 고만고만한 아이들이 반별로 올망졸망 모여 있었다. 나도 부랴부랴 반을 찾아서 아이를 넣어 주고, 이제 학부모가 되었다는 뿌듯함과 함께 뒤에서 대기하고 있었다. 주위를 죽 한번 둘러보니 모든 부모들이 한 가득 꽃다발을 안고 자신의 아이를 지켜보느라 정신이 없었다.

이제부터 시작이었다. 앞으로 아이를 잘 키워서 훌륭한 사람이 될 수 있도록 길을 인도하는 게 우리 부모의 역할이라고 생각했다. 아이의 담임 선생님도 어떤 분인지 유심히 관찰했다. 또한 1년 동안 같이 지낼 반 친구들도 하나하나 눈여겨보면서 내 아이와

단짝 친구는 과연 누가 될지 한껏 기대에 차 있었다. 여하튼 첫째 아이라서 그런지 모든 게 다 궁금했고, 하루하루 아이를 향한 욕망으로 넘쳐났다.

첫 단추부터 잘 끼우고 싶었다. 뭐든 잘하는 아이로 키우고 싶었던 나머지 마음이 급했다. 피아노도 시켜야 할 것 같고, 영어도, 운동도, 논술도, 한자도 시켜야 할 것 같았다. 사실, 지금 생각해 보면 정말 웃긴다. 중학생들도 키워 보니 아직 아기인데, 한참 아기인 초등학교 1학년 아이에게 도대체 뭘 바라겠다고 그런 욕심을 부렸는지 모르겠다. 여하튼 아이들 육아 부분에 있어서 첫 경험이다 보니 오로지 의욕만 앞섰던 것 같다.

게다가 1학년이라서 그런지 같은 반 엄마들하고도 꽤 자주 만났다. 그리고 대부분 첫째 아이들인 경우가 많았던 탓에 관심이 온통 아이와 관련된 얘기였다. "영어 학원은 어디 보내나요?", "거기 피아노 학원 잘 못 가르친다고 하던데요.", "우와! 발레 학원에 다녀서 몸이 예쁜가 봐요.", "수학 선행은 어디까지 했어요?", "우리 아이는 외국에 몇 년 있다가 왔어요.", "그럼, 영어를 잘 하겠네요?" 등등 온통 아이와 관련된 얘기뿐이었다.

다소 주눅이 들었다. 물론 내 아이가 부족해서 그런 건 아니었다. 다들 아이들에 대한 기대와 욕심으로 가득 차 있다 보니 자칫 엄마들끼리 서로 질투하고, 경쟁하지 않을까 우려되었다. 물론 사돈이 땅을 사면 배가 아프다는데 당연히 잘하는 아이 엄마한테 질투도 날 것이다. 하지만 그게 너무 확연히 드러나는 게 문제였다. 한번은 아이들 하교 시간에 맞춰 엄마들이 교문 앞에서 기다리고 있는데, 어떤 아이가 뛰쳐나오더니 엄마한테 '그리기상'을 받았다고 자랑했다는 것이다. 그랬더니 그 옆에서 지켜보던 또 다른 엄마가 모두 다 듣는 앞에서 "왜 내 아이는 상을 못 받은 거야? 도대체 뭘 못해서? 우리 아이가 그림을 얼마나 잘 그리는데……." 하며 얼굴 표정이 마구 일그러졌다고 한다.

정말 기가 막혔다. 아무리 질투가 나더라도 엄마들 앞에서 그렇게 대놓고 얘기하는 건 좀 아니다 싶었다. 그 엄마는 초등학교 6년 동안 엄마들 사이에서 소문이 안 좋게 났다. 그러다 보니 아이까지도 이미지가 나빠져 아이들 사이에서조차 꺼리는 아이가 되어버렸다. 내 아이를 향한 욕망은 자칫 주변 사람들에게 상처를 줄 수도 있고, 아무런 죄 없는 내 아이한테까지 욕을 얻어먹을 수 있게 만든다는 것을 그 엄마를 통해 깨달았다.

하지만 나도 엄마다. 내 아이를 향한 욕망이 왜 없겠는가! 특히 첫째 아이라서 다 해주고 싶었다. 그래서 피아노 학원에도 보냈고, 태권도 학원, 집에서 하는 튼튼영어, 한우리독서논술도 시켰다. 특히 결혼 전에는 작가 생활, 결혼 후에는 논술 교사로 일을 했기 때문에 책읽기와 글쓰기만큼은 내 아이에게 확실하게 가르치고 싶은 욕망이 컸다. 그래서 아이가 초등학교에 들어가자마자 한우리독서논술 방문 수업을 시켰는데, 수업 시간마다 잘 못 알아듣는지 계속해서 졸고 있는 게 아닌가! 지금 생각해 보면 교재를 통한 수업이 그 어린 아이한테 얼마나 딱딱하고 재미없었을까 싶다.

물론 그 시기에 시켰던 교육이 아이한테 전혀 도움이 되지 못했다고는 할 수 없다. 가랑비에 옷 젖듯 그 무언가가 서서히 계속해서 스며들었을 것이다. 다만 아이가 엄청난 스트레스를 받으면서 수업에 임했다면 문제는 심각하다. 그런데 딸아이는 그다지 힘든 내색을 하지 않았고, 그냥 시키는 대로 무난하게 따라와 줬다. 영어도 마찬가지였다. 튼튼영어 방문 수업을 시켰는데 선생님도 무척 활기찼고, 아이도 재미있게 수업에 참여했다. 특히 방문 수업을 통한 선생님들의 반응이 하나같이 또래 아이들에 비해 내 아이가 너무 잘한다는 것이었다. 솔직히 나중에 안 사실이지만, 모든 아이들에게 다 그런 식으로 칭찬을 해줬다고 한다.

여하튼 그러다 보니 아이를 향한 욕망이 점점 더 활활 타오를 수밖에 없었다. 게다가 무엇을 하든지 기대 이상으로 항상 결과가 좋았기 때문에 아이한테 자꾸만 더 집착하게 되었다. 그래서 또 생각해 낸 것이 한자를 가르치는 것이었다. 우리나라 어휘는 대부분 한자로 되어 있기 때문에 한자를 알면 어휘도 금방 늘 거라고 판단해서다. 이처럼 아이를 향한 욕망은 아이를 가만히 내버려 두지 않고 무언가를 끊임없이 추구하는 걸로 나타났다. 피타고라스의 '욕망은 만족할 줄 모른다.'라는 말처럼. 그리고 시간이 흐르면서 내 마음도 서서히 지쳐갔다. 프랭클린의 '욕망의 절반이 이루어지면 고통은 두 배가 될 것이다.'라는 말처럼.

이쯤해서 영국 시인인 알프레드 데니슨의 시 한 편을 띄워 본다.

갈라진 벼랑에 핀 한 송이 꽃,
나는 너를 틈 사이에서 뽑아 따낸다.
나는 너를 이처럼 뿌리째 내 손에 들고 있다.
작은 꽃 한 송이,
그러나 내가 너를, 뿌리와 너의 모든 것을, 그 모두를
이해할 수만 있다면
신과 인간이 무엇인지를
이해할 수 있으련만.

"내 아이를 향한 욕망은 끝이 없다. 아이가 무엇이든지 잘 해주면 부모로서 더 많은 것을 원하게 되고, 아이는 부모한테 칭찬받기 위해서 자신이 진정으로 원하지 않는 것까지 좋아하는 척하며 받아들인다. 하지만 결국 부모가 시켜서 하는 것은 한계가 있다. 그리고 그 한계는 아이의 사춘기를 통해 엄청난 분노로 폭발한다. 부모 또한 아이를 향한 욕망으로 인해 심한 정신적 고통을 받게 된다."

2-2 학구열로 불타올랐던 주변 엄마들

엄마는 크게 세 부류가 있다. 첫째는 아이의 공부에 집중하는 엄마, 둘째는 아이의 두뇌 개발에 관심 있는 엄마, 셋째는 아이의 스포츠 부분에 열심인 엄마이다. 아마도 이것은 아이들 성향에 따라서 나누어진 결과라고 할 수 있을 것이다. 나는 그중 첫 번째 엄마 부류에 속했다. 나 스스로도 워낙 학습적인 부분에 관심이 많았거니와 아이 역시 시키는 대로 족족 스펀지처럼 빨아들였으니까. 그러다 보니 누가 뭐라 할 것도 없이 공부에 관심 있는 엄마들끼리 모이게 되었다.

"OO 엄마는 좋겠어, 아이가 워낙 똑똑해서. 우리 아이가 집에 오면 OO이 자랑을 많이 하더라고. 선생님한테 칭찬도 많이 듣고, 공부도 잘한다고."

"에이! 꼭 그렇지도 않아요."

"우리 아이도 OO이 얘기를 많이 하던데……."

"좋겠네, OO이 엄마는."

"말 들어 보니 다들 잘한다는데요 뭐~"

"OO는 영어유치원 출신이라면서?"

"네."

"그럼, 영어 잘하겠네?"

"또래 아이들에 비해서 레벨은 높더라고요."

"그건 그렇고, 우리 반에 수학 천재가 있다면서요?"

"그 아이는 제가 아는 엄마 아들인데, 정말 일반 아이들과 수준이 달라요. 벌써 중학교에서 배우는 도형을 하고 있대요."

"와우! 도대체 그런 아이들은 타고난 거야? 만들어진 거야?"

"글쎄요."

엄마들 모임에서 주로 나누는 대화들은 잘하는 아이에 대한 정보였다. 무슨 학원을 다니는지, 어느 정도 수준인지, 부모는 뭘 하시는 분인지, 형제들은 어떻게 되는지, 성격은 어떤지 등등 공부를 잘하는 것만으로도 모든 관심의 중심에 서 있었다. 그러다 보니 엄마들 사이에서 교육은 다른 모든 걸 제쳐두고라도 가장 중요하고 민감한 부분이었다. 나 또한 그랬다. 이 세상의 중심이 내가 아닌 아이들이었다. 오직 아이들의 교육에만 목숨을 건 열혈 엄마라고나 할까? 돌려서 얘기하면 우리나라의 학벌 만능주의가 빚어낸 헬리콥터 엄마들의 처절한 몸부림이다.

솔직히 난 헬리콥터까지는 아니었고, 그렇다고 아이의 공부를 체계적으로 시키는 모범적인 엄마도 아니었다. 그냥 아이가 잘해 주기만을 간절히 바라는 어중간한 엄마였다. 나는 아이들 교육에 있어서 발 빠르게 정보를 알아본다거나 학원을 많이 보낸다거나 집에서 열심히 시키는 스타일도 아니었기 때문에 엄마들 사이에서 입김이 그다지 세지도 않았다. 다만 아이가 그런 나와는 상관없이 잘해 줬기 때문에 잘하는 아이의 엄마들 틈에 끼어서 단지 교육열만 높이고 있었다.

부부 동반 모임에서 어떤 엄마는 그야말로 헬리콥터였다. 아이의 일거수일투족을 일일이 상관하면서 본인이 조종하는 대로 아이가 움직여 주길 바랐다. 예를 들면 아이의 하루 계획표를 분 단위로 기록해서 아이가 어기지 않고 완벽하게 실행할 수 있도록 지도한 것이다. 나는 그 당시 이 얘기를 듣고 너무 놀랐다. 그러면서 한편으로는 이런 생각을 했다. '아이가 저 스케줄을 과연 감당할 수 있을까?'라고. 지금 그 아이는 고등학교 2학년에 재학 중이다. 그동안 모임이 흐지부지되어서 그 아이의 소식을 듣진 못했지만 행여나 상처받지 않고 잘 지내왔길 바랄 뿐이다.

그리고 언젠가는 엄마들 사이에서 이런 얘기를 들은 적이 있었다. 어떤 아이가 학교에만 오면 반 아이들한테 아빠 욕을 심하게 한다는 것이었다. 이유는 시험 문제를 1개 틀릴 때마다 틀린 개수만큼 아빠한테 두들겨 맞기 때문이란다. 그럼, 20문항에서 20개를 다 틀리면 20대를 맞는다는 말인가? 순간 그 아이는 공부 못하면 몸이 남아나질 않겠다는 생각이 들었다. 여하튼 부모들이 아이의 시험 점수 하나하나에 목숨을 걸다 보니 나 역시도 그런 환경 속에서 영향을 받을 수밖에 없었다. 따라서 내 아이도 뒤처지지 않도록 항상 긴장을 하고 살아야만 했다.

그러던 어느 날, 초등학교 3학년이 된 큰아이가 시험을 보고 왔는데 국어에서 한 문제를 틀렸다. 그 문제의 정답은 지문에 나와 있는 여자 아이 이름이었다. 그런데 그 이름을 거꾸로 썼다는 것이다. 예를 들어 '미경'인데 '경미'라고 쓴 것이다. 순간 나는 한심하다는 생각에 소리를 버럭 질렀다. 그랬더니 아이가 서러웠는지 엉엉 우는 것이다. 그래서 난 네가 실수해 놓고 왜 우냐며 다시 또 혼을 냈다. 지금 생각해 보면 그 당시 나의 부정적인 감정이 아이의 실수를 빌미로 터져 나온 것 같다.

사실 경쟁을 부추기는 우리나라 교육 시스템 때문에 엄마인 입장에서 한시도 마음 편할 날이 없었다. 한창 뛰어놀아야 할 아이에게 늘 "공부해라.", "숙제해라." 하면서 억압하고, 강요하고, 감시해야 하는 내 자신이 어떤 때는 혐오스럽기까지 했다. 하지만 엄마라는 이유만으로 참고 견디면서 오직 내 아이의 미래를 위해 숨막히는 현실을 받아들여야만 했다. 그러니까 겉으로 보이는 나의 모습은 학구열로 불타오르는 여느 엄마들처럼 비쳐졌겠지만 그 이면에는 경쟁 사회 속에서 어쩔 수 없이 따라갈 수밖에 없는 초라한 엄마의 모습이 있었던 것이다. 아마 다른 부모들도 나 같은 생각을 하면서 지금껏 살아오지 않았을까 싶다.

참으로 어이없는 일은 엄마가 그토록 죽을힘을 다해 잡아 준 공부 습관이 중학교를 들어가는 순간 와르르 무너진다는 사실이다.

"지금 생각해 보면 아이가 고분고분 말을 잘 들었던 시기, 즉 초등학교 6학년 때까지 다소 엄하게 공부를 시켰던 것이 그나마 사춘기의 공백 기간을 빨리 메꿀 수 있었다. 그러니까 아이가 사춘기로 방황하면서 허송세월을 보낸 시간을 그나마 전에 쌓아 놨던 지식으로 버텨올 수 있었던 것이다. 아마도 기본 지식이 없는 상태에서 사춘기를 맞이할 경우 이후에는 포기하는 일이 발생할 수도 있다."

2-3 엄마의 자존감은 아이의 공부 능력?

나만 느끼는 것이었을까? 아이가 공부를 잘하면 그 엄마의 모습에도 아우라가 펼쳐진다는 사실을. 적어도 엄마들 사이에서 공부 잘하기로 소문난 아이의 엄마는 뭔가 달라도 달랐다. 왠지 자신감이 넘쳐 보였고, 자기 관리도 나름 철저하게 하는 그런 멋진 엄마로 보였다. 물론 선입견이 그다음 생각을 지배할 수도 있겠지만 심리적인 부분에 있어서 아이가 공부를 잘하면 당연히 주변 사람들의 관심을 받게 되고, 이로 인해 아이의 엄마는 자식을 잘 키우고 있다는 자부심과 주위의 시선 때문에 당당해질 수밖에 없을 것이다.

또한 자존감이 높은 부모의 아이들이 공부도 잘할 수 있다. 왜냐하면 자존감이 높은 사람들은 자신을 사랑하는 마음이 크기 때문에 무엇이든지 신중하게 생각하고 행동하는 경향이 있다. 따라서 아이들도 그런 부모의 모습을 보고 자라다 보니 학습적인 성취도가 높다. 실제로 내가 그동안 경험한 바로는 자존감이 높은 엄마의 옆에는 늘 모범적인 아이가 있었다.

사실 초등학교 때까지의 아이 실력은 곧 엄마의 능력이다. 그때는 '엄마'라는 존재가 절대적이기 때문에 대부분의 아이들은 엄마가 이끄는 대로 따라가기 마련이다. 그러다 보니 잘하는 아이의 엄마가 누구인지 궁금할 수밖에 없다. 아이한테 어떤 식으로 공부를 가르치는지, 그 엄마의 교육 마인드는 무엇인지, 엄마와 아이와의 관계는 어떤지 등등 그 엄마에 대해서 이것저것 알고 싶어진다. 솔직히 같은 엄마 입장에서 공부 잘하는 아이를 둔 당당한 엄마들이 매력적으로 느껴진다. 물론 자식 자랑만 하는 팔불출 엄마는 예외다.

반대로 학교에서 그다지 눈에 띄지 않는, 그러니까 무언가 특별히 잘하는 게 없는 아이 엄마들은 잘 드러나지 않는다. 간혹 볼 수도 있으련만 얼굴 한 번 마주치기가 쉽지만은 않다. 그럼 도대체 왜 그런 걸까? 아마도 아이의 공부 능력이 그 엄마의 자존감에 커다란 영향을 미치는 것은 아닐까? 실제로 내가 경험한 바에 의하면 말썽꾸러기인 데다가 공부도 썩 잘하지 못하는 아이 엄마의 경우, 늘 표정이 어두웠고, 다른 엄마들에 비해서 자신감도 많이 떨어져 있었다. 정말 안타까운 일이 아닐 수 없다. 자식들에 의해서 좌우되는 엄마의 자존감이라니…….

게다가 어떤 엄마들은 부모와 아이를 서로 매치시키는 경우가 있었다. 예를 들어 부모가 좋은 대학을 나왔으면 아이도 당연히 공부를 잘할 거라고 생각하고, 아이가 공부를 못 하면 그 아이의 부모도 당연히 뭔가 부족한 사람일 거라고 생각하는 경우였다. 실제로 많은 엄마들과 대화를 하는 과정에서 이러한 사실이 드러나는 경우가 있었다.

"저기 걸어가는 OO 아빠가 의사라면서?"

"아마 그럴 거예요."

"어느 병원에서 일하는데?"

"OO대학병원에서 근무한다고 들었어요."

"OO 엄마도 종종 학교에 아이 데리러 오는 것 같던데……. 매우 품위 있어 보이고, 지적으로 보이더라고. 혹시, 직장 다녀?"

"그렇다고 들었어요. 아마 대학 교수일 거예요. 무슨 대학인지는 잘 모르겠네요."

"아하! 그럼, OO이 공부 잘하겠네? 엄마, 아빠가 워낙 똑똑해서."

"반에서 말썽꾸러기인 데다가 공부도 별로라고 하던데요."

선입견이라는 게 참 무서웠다, 부모의 직업을 보고 무의식적으로 아이의 능력을 평가해버리는 것. 내가 초등학교 때는 우리 가정을 소개하는 양식이 있었는데, 그 양식에다가 부모 직업은 물론 집에 있는 물건까지 체크해서 제출하였다. 그 물건의 종류에는 가정에서 일반적으로 사용하는 책상, 식탁, 냉장고, 세탁기, 전화 등도 있었지만 그 당시 웬만큼 잘사는 집 아니면 감히 집에 들여놓을 수조차 없었던 피아노, 자가용 등도 포함되어 있었다.

지금 생각해 보면 참 어처구니없는 양식이었다. 그 당시 나도 피아노, 자가용에 동그라미를 표시하는 으쓱함이 있긴 했지만 반면에 마음의 상처를 입은 친구들도 많이 있었다. 사실 그 당시 아빠 사업이 잠깐 번창했을 때가 있었다. 그래서 우리 집도 '서진피아노'와 '포니2'라는 자가용을 들여놓긴 했지만 이후 사업이 망하는 바람에 다시 되팔았던 아픈 기억이 있다. 여하튼 교육적인 측면에 있어서 전혀 쓸데없는 양식으로 아이들을 평가하고, 차별하는 후진 문화가 지금도 고스란히 잔재되어 있는 게 사실이다.

큰아이가 초등학교 시절 공부를 참 잘했다. 시험 결과 항상 100점이었다. 그래서인지 엄마인 나도 항상 당당한 모습이었다. 그런데 그 당당했던 모습 뒤에는 아이를 향한 피나는 노력이 있었다. 어렸을 때부터 제대로 된 공부 습관을 잡아주기 위해서 매일매일 쓴 소리도 많이 해야 했고, 때론 편안함에 아이의 의지가 꺾이지 않도록 나쁜 엄마가 되어야만 했다. 참 힘들었다. 순간순간 아이에게 죄책감도 느껴질 때가 있었고, 아이들을 꾸준히 관리해줘야 하는 압박감 그리고 넘쳐나는 정보의 홍수 속에서 어떻게 제대로 된 길을 인도해야 할지 난 늘 숨이 가빴다.

사실 초등학생 때까지 바로잡아 준 아이의 공부 습관은 중학생이 되면서 철저하게 망가져버린다. 다만 엄마인 내가 그동안 아이한테 최선을 다했던 노력은 아마도 아이의 무의식 속에 다 깔려 있으리라 생각한다. 지금은 아이에게 절대로 강요하지 않는다. 그동안 정말 최선을 다한 것, 그게 바로 아이를 향한 나의 자존감이다.

"아이가 공부를 잘한다고 엄마가 잘난 체를 한다거나 반대로 아이가 공부를 못한다고 엄마가 기가 죽는 것은 정말 어리석은 행동이다. 더군다나 그런 모습이 고스란히 드러난다는 게 문제이다. 능력 있는 부모 밑에 다소 능력이 떨어지는 아이가 있을 수도 있고, 능력이 없는 부모 밑에 능력이 뛰어난 아이가 있을 수도 있지 않을까? 같은 엄마 입장에서 자식을 떠나 자신에게 당당한 그런 엄마가 정말 매력적이다."

2-4 툭 하면 다른 아이와 비교하면서 채찍질

"내 친구 엄마가 해준 김치볶음밥은 매우 맛있는데, 엄마표 김치볶음밥은 왜 이렇게 맛이 없어?", "나랑 같은 반인 OO 엄마는 얼굴도 예쁘고, 마음도 착한데, 엄마는 왜 이렇게 못생겼어? 성격도 괴팍하고…….", "내 후배 부인은 된장찌개를 얼마나 맛있게 잘 끓이는지 밥을 3그릇이나 비웠네.", "김 작가님, 이 작가님 글은 아주 맛깔스럽고 재밌는데, 김 작가님 글은 너무 평범하고 재미없어요."

만약 내가 이런 식으로 비교를 당한다면 기분이 어떨지 곰곰이 생각을 해봤다. 한마디로 기분이 더럽다. 사실 내 기억 속엔 내가 남들과 비교를 당하는 일이 거의 없었다. 아니, 아예 없었던 것 같다. 지금 보니 남과 비교를 한다는 것은 그 사람에게 평생 지워지지 않을 커다란 상처를 주는 것과 똑같다는 판단이 들었다. 그런데 내가 그런 상처를 당시 초등학생이었던 큰아이에게 주었다는 생각에 이 글을 쓰고 있는 지금, 죄책감이 한없이 밀려온다.

아이가 초등학교 시절, 내 주변에는 워낙 학구열이 높은 엄마들이 많아서인지 아이들도 무척 공부를 잘했다. 물론 내 아이도 그랬다. 그러다 보니 엄마들끼리도 서로 내 아이만큼은 더 뛰어났으면 좋겠고, 누구나 부러워하는 롤 모델이 됐으면 하는 바람이 있었을 것이다. 나도 그랬으니까. 보이지 않는 경쟁 심리! 어찌 보면 가장 저급한 인간 심리라고 볼 수 있는데, 아이를 키우는 엄마 입장에서는 내 아이가 다른 아이들에 비해서 뒤떨어지는 것도 볼 수가 없는 것이다. 왜냐하면 아이들은 아직 어리기 때문에 자신이 못 한다고 생각하면 자신감을 잃고, 아예 포기해 버리는 경우가 있기 때문이다.

따라서 아이가 자신감을 잃지 않도록 꾸준히 관리해 주는 게 무엇보다도 필요했다. 사실 난 '경쟁'이라는 단어를 무척 싫어한다. 물론 지금 이 나이가 되어서야 깨달은 것이지만 결국 인생의 승리는 남을 이기는 게 아니라 자기 자신을 이기는 게 아니었던가! 여하튼 아이가 어렸을 때는 자신감을 잃지 않도록 꾸준히 관리를 해줬다. 그런데 문제는 엄마인 내가 최선을 다해 관리를 해주는 상황에서 아이가 나태해지거나 하기 싫어하면 그 즉시 다른 아이와 비교하면서 채찍질을 하게 된다는 것이다.

사실 육아 교육에서 엄마의 이러한 태도가 아이한테 아주 치명

적이라고 얘기하는데, 그 상황에서는 나도 모르게 그냥 툭 튀어나온다. 주변 엄마들 얘기를 들어 보니 대부분의 엄마들도 툭 하면 다른 아이들과 비교하면서 혼을 냈단다. 게다가 비교 대상 아이는 엄마들 사이에서 모범적인 롤 모델로 통하는 아이였다. 나도 항상 아이를 혼낼 때마다 그 롤 모델 아이를 들먹이며 비교했다. 그랬더니 언제부턴가 아이가 그 롤 모델 친구를 적으로 생각하는 것이었다. 매번 그 친구 얘기가 나오면 일부러 나쁘게 말하는 것 같았다. 필레몬의 '비교는 친구를 적으로 만든다.'라는 명언처럼.

"엄마, OO이가 오늘 선생님한테 칭찬받으려고 그랬는지 청소를 너무 열심히 하는 거예요."

"청소하는 게 뭐 잘못됐니? 열심히 하면 좋지 뭐."

"평소에는 잘 안 하니까 얄밉죠. 아무래도 오늘 선생님이 계시니까 일부러 열심히 한 것 같아요."

"별 게 다 얄밉구나. 너도 앞으로 열심히 청소하면 되잖아."

"흥! 나는 그렇게 안 할 거예요. 속 보이잖아요."

"너는 왜 그렇게 OO이를 미워하니?"

"그냥 싫어요."

문제가 좀 심각하게 되어가는 것 같았다. 아이가 좋은 방향으로 자극을 받았으면 했는데, 오히려 상대방에 대한 미운 감정만 쌓여

가고 있었던 것이다. 게다가 롤 모델 엄마도 내 아이의 질투를 눈치 챘는지 나를 바라보는 시선이 약간 달라졌다. 그래서 이건 아니다 싶어 이후로는 다른 아이와 비교하는 것을 삼갔다. 물론 지금에 와서는 남과 비교하는 게 얼마나 미련하고 무모한 행동인지 깨달았기 때문에 오히려 누군가가 상대방과 비교하려고 하면 곧바로 제재를 가한다.

인터넷에서 이런 사건 기사를 본 적이 있다. 중국의 어느 마을에서 있었던 일이다. 중학교 내에서 늘 전체 1, 2등을 다투며 경쟁하는 남학생 두 명이 있었다. 그 둘은 친구이기도 했지만 늘 경쟁하면서 서로를 감시하는 적이기도 했다. 그러던 어느 날, 학교에서 시험이 있었고, 이후 시험 결과 등수가 매겨졌다. 불행하게도 이번 시험에서 전체 2등으로 밀려난 남학생이 분에 못 이겨 전체 1등한 남학생을 칼로 찔러 죽였다. 그 당시 이 사건을 보고 너무 놀랐다. 도대체 시험 등수가 뭐기에 이제 겨우 중학생인 아이를 살인자로까지 내몰았는지 중국의 교육 현실이 너무도 암담하게 느껴졌다.

이것은 남과 비교하는 것이 얼마나 무서운 결과를 초래할 수 있는지를 보여 주는 단적인 예이다. 결국 경쟁을 부추기는 사회는 남과 끊임없이 비교하는 과정에서 오직 나만 살아남기 위한 구도로 가다 보니 남는 것은 욕심과 이기심, 그리고 파멸밖에 없는 것이다. 반면 서로 화합하는 사회는 서로 부족한 부분을 채워 가는 과정에서 내가 아닌 '우리'라는 구도로 가다 보니 나눔, 배려, 협동이라는 아름다운 모습으로 남게 되는 것이다.

헤르만 헤세가 남긴 '비교'에 관한 글이다.

'중요한 일은 다만 자기에게 지금 부여된 길을 한결같이 똑바로 나아가고, 그것을 다른 사람들의 길과 비교하지 않는 것이다.'

"남과 비교한다는 것! 지금 생각해 보면 이 세상 모든 것의 평가 기준이 비교였다. 잘사는 나라와 못사는 나라, 예쁜 얼굴과 미운 얼굴, 공부 잘하는 아이와 공부 못 하는 아이, 날씬한 사람과 뚱뚱한 사람 등 좋은 것과 나쁜 것으로 구분 지어 평가하는 것, 그것이 사람들에게 얼마나 많은 상처와 갈등 그리고 대립을 불러일으켰는지……. 지금 와서 돌이켜 보건대, "재는 잘하는데 너는 왜?"라는 말은 아이의 영혼을 짓밟은 폭언이었다."

2-5 도대체 100점이 뭐기에! 상장이 뭐기에!

50여 년을 살아오면서 '100'이라는 숫자는 나에게 있어서 '100세까지 살 수 있을까?'라는 의문에서의 의미로 다가왔다. 그것도 '100세 시대'라는 말이 나오면서부터. 그런데 학부모가 되면서부터 내 아이가 시험을 보게 되고, 시험에 대한 점수가 매겨지면서 '100'이라는 숫자는 엄마인 나에게 굉장히 중요한 비중을 차지해버렸다. 아이가 시험을 보면 몇 점을 맞았는지 무척 궁금했다. 마치 내 아이의 능력을 시험이라도 하는 듯 말이다. 그런데 시험만 봤다 하면 거의 100점을 받아 오는 아이로 인해 엄마인 난 항상 행복했고 뿌듯했다. 그러다 보니 아이한테는 부담이 컸을 시험 날이 오히려 나에게는 기대되는 날이 되어버렸다.

그러던 어느 날, 아이가 시험을 보고 집에 왔는데 기분이 별로 좋지 않았다. 그래서 이유를 물었더니 1개를 틀렸다는 것이다. 늘

100점을 맞았던 아이가 96점을 맞았다고 하니 엄마로서 기분이 썩 좋지는 않았다. 아하! 그러고 보니 예전에 국어 점수가 80점이었던 적이 있었다. 물론 그때 충격을 받았다. 하지만 그 이래 줄곧 100점을 받아왔기에 1개 틀린 것도 좀 그랬던 것 같다. 이처럼 아이를 향한 기대치가 워낙 높다 보니 그 기대치에 못 미쳤을 때는 마음이 왠지 꺼림칙했던 것이다. 게다가 엄마들 사이에서 100점이라는 점수는 보이지 않는 경쟁의 숫자를 의미했다. 글쎄 모르겠다. 누군가가 100점을 맞으면 다들 "와!" 하고 감탄을 하지만 그 이면에는 어떤 마음이 숨겨져 있을지 모르니까. 하지만 적어도 나의 솔직한 마음은 내 아이가 100점을 놓치지 않았으면 하는 바람이 컸다.

"이번 수학 시험은 심화라서 좀 어렵게 나왔다는데 누가 100점이래?"

"OO이와 △△이래."

"역시 불변의 아이들이야. 누구도 그 둘을 이길 아이가 없다니까."

"도대체 걔네들은 어떻게 공부하기에 매번 100점이야?"

"그걸 알면 우리 아이들도 늘 100점이게?"

"그건 그러네."

"아무튼 100점만 알아주는 이 나라에서 빨리 떠나든가 해야지 부모든 아이들이든 스트레스 받아서 어디 살겠어?"

"내 생각도 그래."

솔직히 100점만 알아주는 사회적 풍토가 나 자신을 이렇게 숫자 괴물로 만들어가지 않았나 싶다. 대부분 엄마들의 수다에서도 100점 맞은 아이들만 거론될 뿐, 그 아래 점수는 아예 관심조차 없다. 그러니까 어느 그룹이든 최상위 사람들만 기억을 한다. 그러니 엄마들이 자식에게 있어서만큼은 특별한 교육을 시키고 싶고, 교육비가 얼마가 들든 간에 강남 대치동으로 몰리는 게 다 이런 이유에서일 게다. 사실 강남 대치동 학원은 레벨이 아주 세분화되어 있어 내 아이에 맞는 맞춤식 교육이 가능하다고 한다.

내가 아는 엄마도 강남으로 이사를 갔는데, 아이들 교육시키기에 너무나 좋은 환경이라고 자주 말하곤 했다. 다만 아이가 공부할 의지가 없어서 안 하면 모를까 아이만 하고자 한다면 성적은 곧바로 쑥쑥 오를 수밖에 없다는 것이다. 반면 교육 특구가 아닌 지역에서는 학원이 그다지 많지 않기 때문에 학원 선택에 있어서나 정확한 레벨 분석조차도 힘들어 아예 공부할 의욕마저 잃어버리는 경우가 많다고 한다.

"언니, 이곳 대치동 학원은 각 과목마다 내 아이에 맞는 정확한 클리닉을 해주는 곳이 있어요. 그러니까 내 아이가 어느 쪽으로 강하고, 약한지를 분석해서 부족한 부분을 집중적으로 가르치는 거죠."

예전엔 개천에서도 용이 나왔다. 그런데 요즘 교육 시스템으로는 개천에서 도저히 용이 나올 수 없다는 게 일반적, 아니 전문가들의 분석이다. 나아가 생활기록부에 기재되는 상장 관련 대회에 있어서도 마찬가지다. 이미 대부분의 학원들이 전문적으로 팀을 구성해 대회 관련 수업을 진행하기 때문에 혼자서 아무런 정보 없이 막연하게 상을 받고자 하는 것은 큰 모험일 수 있다. 정말이지 우리 옛 속담에 산 너머 산이라는 말이 딱 맞다.

그래서인지 초등학교 때부터 엄마들이 아이들 상에 집착을 많이 한다. 교내 상으로는 교과상, 그리기상, 토론대회상, 글쓰기상, 과학 관련 상, 모범상 등등 종류도 무척 다양하다. 사실 돌이켜 보면 내 아이가 상장을 받아 왔을 때처럼 기분 좋은 일도 없었다. 아마 대부분의 엄마들도 각종 대회가 있을 때마다 옆에서 무척 신경을 쓰지 않았을까 싶다. 특히 난 글쓰기상에 집착을 많이 했다. 왜냐하면 결혼 전까지 글쓰기 관련 직종에 있었고, 그러다 보니 내 아이한테만큼은 글쓰기를 제대로 가르쳐 보고 싶은 욕망이 컸던 것이다.

글을 잘 쓰려면 타고난 재능은 물론 다양한 경험 그리고 스킬이 있어야만 빛을 발할 수 있다. 게다가 꾸준한 글쓰기 훈련이 필요

한데, 엄마인 내가 아이를 가르치려니 거의 도 닦는 수준이었다. 그래서 생각한 게 일기를 쓸 때 일단 아이한테 그날 있었던 일을 얘기해 보라고 한 후 내가 재구성해서 다시 아이한테 얘기해 주는 식이었다. 물론 얘기해 주는 것을 그대로 쓰게 했다. 그랬더니 점차 시간이 흐르면서 글쓰기 스킬이 향상되어 가는 게 아닌가! 아무튼 매 해마다 글쓰기상은 놓치지 않고 받았다.

세상에 딱히 답은 없는 것 같다. 아이를 향한 엄마의 관심이 때론 지나친 집착으로 향하기도 하지만 또 한편으로는 아이의 실력 향상으로 오히려 자신감을 키워주기도 하는 걸 보면…….

"엄마가 제일 자신 있는 분야를 내 아이에게 집중적으로 가르치는 일은 훗날 아이에게 커다란 선물을 주는 셈이다. 물론 당시에는 엄마든 아이든 무척 힘든 부분이 있다. 왜냐하면 선생님과 제자의 관계가 아닌 엄마와 자식의 관계로 인해 제대로 된 교육보다는 집착으로 변질될 수 있기 때문이다. 하지만 그 과정이야 어찌 됐건 훗날 내 아이에게 좋은 영향을 미칠 수 있다는 것만은 사실이다."

2-6 인성 교육보다는 영어, 수학이 먼저

"우리 딸아이가 그러더라고요. 자기 반에 몇몇 남학생이 있는데, 선생님한테 대드는 것을 보면 정말 기가 막힌대요. 담임이 여선생님인데, 남학생들이 하도 말도 안 듣고, 약 올리고 하니까 아이들이 보는 앞에서 운 적도 있대요. 그런데 그 애들이 거의 다 상위권이라고 하더라고요."

분당에 사는 지인이 한 얘기다. 예전에 공부 잘하고, 인성이 바른 모범생은 다 어디로 갔는지 요즘은 공부 따로, 인성 따로인 경우가 흔하다고들 한다. 도대체 왜 그런 걸까? 요즘 어떤 엄마들은 아이가 공부만 잘하면 그 밖의 다른 부분은 그냥 너그럽게 넘어가는 경우가 많다고 한다. 예를 들어 아이가 어른들에게 버릇없이 행동을 해도 공부만 잘하면 딱히 혼을 내지 않고, 아이가 기분 나빠 할까 봐 조용히 묵인해 준다는 얘기다. 결국 공부 하나로 모든 것이 용서되는데, 그러다 보니 공부만 잘하는 못된 아이들이 많아질 수밖에 없다.

사실 공부만 하다 보면 신경이 날카로워질 수밖에 없다. 따라서 아이들이 스트레스를 풀 만한 건전한 놀이문화가 형성되어야 하는데, 그런 건 전혀 찾아볼 수도 없고, 오직 늘어나는 건 빡세게 시키는 영어, 수학 학원들이다. 그러다 보니 대부분 남자 아이들은 게임방에서 폭력적인 게임을 하면서 스트레스를 풀고, 여자 아이들은 아이돌 그룹에 빠지거나 치장하는 걸로 스트레스를 푼다. 하지만 오히려 역효과다. 아이들은 더 예민해지고 난폭해져 가족, 선생님, 친구들에게 함부로 하고, 또 부모는 공부하는 아이가 안쓰러워 어르고 달래면서 제발 공부만 놓지 않기를 바랄 뿐이다.

한번은 같은 아파트에 사는 엄마가 OO과학고등학교 근처 커피숍에 갔다가 깜짝 놀랄 만한 사건을 경험했다. 그 학교에 재학 중인 아들을 둔 엄마들이 그 카페에서 자주 만났는데, 하루는 그 학교 아이들이 무리로 카페에 들어와서는 저만치 구석 자리에 앉아 자신의 엄마들을 겨냥해 차마 입에 담을 수 없는 욕을 했다는 것이다. 그 순간 너무 놀라 '어떻게 저럴 수 있지? 자기 엄마들이 얼마나 애쓰면서 키우고 있는데, 그런 엄마에다 대고 저따위 욕을 해. 정말이지 불효자가 따로 없네.'라고 생각했다는 것이다.

문제가 심각했다. 우리 사회의 뿌리 깊은 학벌 만능주의로 인해 내 아이만큼은 좋은 고등학교, 좋은 대학교를 보내야 한다는 부모들의 노력이 오히려 아이들한테 잘못 인지되어 가고 있다. 아직 정신적으로 성숙하지 못한 아이들은 스스로의 의지보다는 부모에게 이끌려 억지로 하는 경향이 있다 보니 당연히 시키는 부모가 밉고 원망스러웠을 게다. 그렇다고 부모한테 욕을 한다는 것은 정말 미련하고 어리석은 일이 아닌가!

돌이켜 보건대, 나도 아이에게 수학, 영어 문제집 들이밀면서 공부하라고 하고, 시간 되면 학원 가라고만 했을 뿐 아이의 인성적인 부분에 대해서는 별로 신경을 안 썼다. 그도 그럴 것이 시험 잘 보고, 학원 착실히 다니면 온갖 칭찬에 또 그만한 대가까지 지급해 줬으니까 말이다. 그러니 아이는 당연히 공부만 잘하면 최고라는 생각을 하지 않았을까! 사실 지금에 와서야 그 당시 나의 행동이 얼마나 어리석었는지를 깨닫게 되는 것이지 그땐 공부만 잘하면 이상하게도 모든 게 용서되는 상황이었다.

몇 년 전, 사회를 발칵 뒤집어 놓은 엄청난 사건이 하나 있었다. 고등학생 남자 아이가 엄마를 살해하고 방에다 그냥 방치한 사건이었다. 원래는 엄마, 아빠, 아이 세 식구였는데, 부모가 이혼한 이후로 아이는 엄마랑 단 둘이 살아왔다. 엄마는 아이를 키우느라 밖에 나가서 열심히 일을 했고, 아이도 공부를 잘했다. 그런데 엄마가 아빠 없이 아이를 키우다 보니 자격지심이었는지 아이한테 공부에 대한 압박감을 엄청 심하게 줬던 것 같다. 아이의 시험 점수를 보고 성적이 안 좋으면 시시때때로 구타하면서 "너는 아빠가 없으니 무시 안 당하려면 다른 아이들보다 공부를 더 열심히 해야 하는 것 아니냐."며 계속해서 압박을 해왔다는 것이다.

그러던 어느 날, 엄마한테 쌓인 분노가 극에 달해 결국 아이는 평생 씻을 수 없는 패륜을 저질러버린 것이다. 그 당시 기사를 보니 따로 사는 아빠가 엄마와 통화가 안 되니까 아들 집으로 찾아간 것이 이 사건이 드러난 계기가 되었다. 이후 기자가 그 아들과의 인터뷰에서 엄마에 대해 물어봤고, 이에 아들은 엄마가 너무너무 보고 싶다며 하염없이 눈물을 흘렸다고 한다.

그냥 멍했다. 사실 난 이 사건을 접하고 나서 세상이 싫었다. 왜 부모와 자식이 이 지경에까지 이르러야 하는지 충분히 이해할 수 있었기 때문이다. 이 사건의 중심에 있었던 엄마와 아들의 엇갈린 사랑이 결국 우리 사회의 한 단면을 보여 주었고, 나 역시 같은 엄마 입장에서 내 아이에게 엇갈린 사랑을 표현하고 있었다. 매일매일 쳇바퀴 돌듯 똑같은 일상 속에서.

만약 우리 사회가 느림의 미학을 마음껏 허용하는 사회라면 위와 같은 사건이 거의 일어나지 않았으리라 생각한다. 지금은 예전과 달라서 공부를 안 하던 아이가 어느 순간 눈이 확 돌아가 죽도록 공부한 결과 서울대를 들어갔다느니 하는 얘기는 통하지 않는다. 워낙 학력이 높은 학부모도 많은 데다가 그런 부모들이 자식에게 더 좋은 교육을 시키고 있기 때문에 엄마들은 항상 마음이 급하다. 그러니까 굳이 영어, 수학 공부를 미루고 인성부터 바로 잡아 나가기엔 사회가 결코 이들을 기다려 주지 않는다. 글쎄 모르겠다. 지금은 취업할 때 학력보다는 인성을 먼저 본다고들 하던데…….

어렸을 적, 아마도『토끼와 거북이』라는 책을 누구나 한 번쯤은 읽어봤을 것이다. 빨리 뛰는 교만한 토끼와 느릿느릿 끝까지 최선을 다하는 거북이. 이 둘의 마지막 승부를 떠나 그들이 생각하는 행복한 삶이란 무엇인지 그게 더 궁금하지 않을까?

"나이가 들수록 사람 보는 눈이 달라지긴 한다. 겉으로 드러나는 학벌, 외모, 집안, 명예, 권력보다는 내면의 아름다움을 지닌 사람들이 더 끌린다고나 할까! 솔직히 말해서 내가 생각하는 가치 기준은 삶의 경험의 폭에서 달라진 것도 있다. 예를 들어 좋은 학벌에 반비례하는 인격이라든지 명예 뒤에 숨어 있는 비열함이라든지 권력 남용으로 인한 불합리성이라든지 출중한 외모에서 드러난 반전 등을 깨닫는 순간부터였다."

2-7 나만의 방식으로 밀어붙인 아이들 교육!

'어떻게 하면 내 아이를 더욱더 특별하게 가르칠 수 있을까?' 큰 아이가 초등학교 1학년에 입학함과 동시에 난 학부모로서 고민을 하기 시작했다. 훗날 아이에게 커다란 도움이 될 만한 교육 방법, 다만 매일매일 하되 지치지 않고 꾸준히 할 수 있는 것이 무엇인지 생각해 보았다. 우선 매일 이 닦는 습관 때문에 안 닦으면 오히려 찜찜해지는 기분을 느끼게 해주려고 매일 공부 습관을 생각했다. 그래서 국어, 수학, 사회, 과학 문제집을 각각 하루에 한 장씩 풀게 했다. 그랬더니 하루 빼먹으면 아이가 찜찜해하는 게 아니라 엄마인 내가 찜찜한 게 아닌가! 물론 3학년 이후에는 아이 스스로가 찜찜해하긴 했다.

그다음으로는 어휘력 향상을 위해 하루에 한 자씩 천자문을 쓰고 외우게 했다. 그렇게 하루에 한 자씩 1주일이면 일곱 자를 읽을 수 있게 되는데, 주말마다 한자를 책받침으로 가리고 읽을 수 있는지 테스트를 했다. 그러니까 1주일에 배운 것만 테스트를 하는 게 아니라 그동안 배운 누적된 한자들을 주말마다 테스트한 것이다. 그랬더니 아이가 초등학교 고학년 때쯤 천자문에 나와 있는 천 개의 한자를 다 읽을 수 있게 되었다. 그러면서 서서히 한자의 뜻을 생각하며 단어의 뜻까지 유추해 내는 쾌거를 맛보았다. 예를 들어 아이가 책을 읽다가 '광야'라는 단어를 보고 '넓을 광, 들 야'라는 한자를 생각한 후 그 뜻을 합쳐 '광야'는 '넓은 들'이라는 뜻을 유추해 낸다는 것이다.

그러다 보니 다소 이해하기 어려운 책도 수월하게 읽고, 적어도 지금까지 책을 거부하지는 않았다. 게다가 매년 학교, 학원 선생님들께서 아이가 어휘력이 굉장히 뛰어나다며 칭찬을 아끼지 않았다. 지금 생각해 보면 엄마인 내가 아이한테 해준 가장 잘한 일이라고 생각하는 게 바로 이 한자 교육법이다. 그래서 지금도 아이한테 자랑삼아 얘기한다.

"만약 엄마가 너한테 한자 안 해 줬으면 지금쯤 어떻게 됐을까?"
"글쎄요? 그래도 잘 했겠지요, 난 워낙 똑똑하니까."
"웃기고 있네. 그걸 말이라고 하니?"
"사실 내가 남들에 비해 어휘력이 뛰어나긴 해요."
"내가 너랑 대화를 해봐도 그냥 단순한 말들은 아니더라."

"어제도 면접반 선생님께서 내가 사용하는 어휘가 매우 고급스럽다고 얘기하시더라고요."

"역시! 그게 다 누구 덕분이지?"

"그렇게 얘기 안 하면 엄마 덕분일 텐데……."

그리고 한자를 교육시키면서 겸사겸사 사자성어도 함께 교육을 시켰다. 사자성어는 이틀에 한 번, 하나씩 익혀 나갔는데, 한자는 물론 삶의 철학까지 배울 수 있는 좋은 기회였다. 한번은 이런 일이 있었다. 아이가 사자성어에서 '能書不擇筆'이라는 것을 배운 이후였다. 학교 미술 시간에 반 아이가 그림을 그리는데 그림이 잘 안 그려졌는지 계속해서 붓을 탓하며 짜증을 부렸다고 한다. 그래서 그때 딸아이가 "능서불택필! 글을 잘 쓰는 사람은 붓을 탓하지 않는대."라고 말해 줬다는 것이다. 하지만 당연히 알아들을 수가 없었기에 서로 기분 나쁘지 않게 조용히 넘어갔다는 것이다. 아이는 옆에서 징징대는 친구가 얄미워서 한마디 던진 건데, 그 친구는 그냥 모르고 지나가니 얼마나 통쾌했겠는가! 그러면서 사자성어 공부에 점점 더 흥미를 갖게 되었다.

또한 글쓰기를 가장 짧은 기간에 정확히 배우는 방법으로 나름대로 생각한 것이 있었다. 그것은 학교에서 내주는 일기 숙제를 통해 글쓰기를 배우게 하는 거였는데, 일단 아이의 하루 일과 중에서 기억나는 사건을 들어보고, 그 내용을 다시 재구성해서 아이한테 얘기해 주는 거였다. 그때 내가 말하는 내용을 받아쓰게 하면서 어떤 식으로 글이 구성되는지 파악하게 했다. 그랬더니 점점 글 실력이 늘어 선생님으로부터 글을 잘 쓴다는 칭찬도 듣고, 매년 글쓰기상도 받아왔다.

마지막으로 아이가 5학년 때부터는 신문에 나온 기사를 바탕으로 시사 토론을 시도해 봤다. 시시토론 하니까 왠지 거창해 보이지만 단순히 신문에 나와 있는 사설이나 오피니언을 함께 읽어 내려가면서 내용 파악을 한 뒤 아이가 궁금해하는 것과 생각 등을 들어 보는 시간이었다. 물론 매일 하기에는 시간적 여유가 별로 없었기 때문에 1주일에 한 번 정도 그냥 사회 돌아가는 감만 느끼게 해줬다. 그 당시 아이는 또래들과 관심사가 다른 부분도 있었다. 대부분의 아이들은 끼리끼리 어울리면서 쇼핑도 하고, 아기자기한 액세서리 같은 것에도 관심이 많았는데, 딸아이는 시사 쪽으로 관심을 보이곤 했다.

주관적이긴 하지만 이러한 나만의 교육 방법이 훗날 아이한테 도움이 되리라는 기대도 있었다. 다만 그 과정에서 내가 강압적으로 아이한테 지시한 부분도 있었고, 아이가 못 따라오는 부분은 혼을 냈다. 매일 해야 하는 학습으로 아이가 스트레스를 받은 부분도 있었을 것이다. 물론 엄마인 나도 많이 힘들었다. 그렇지만 나만의 방식으로 밀어붙인 아이들 교육에 있어서만큼은 무슨 일이 있어도 중간에 포기하고 싶지 않았다. 내가 그 시기에 아이에게 해줄 수 있는 최선이었기 때문에.

아마도 큰아이가 심한 사춘기를 겪었던 이유는 바로 나만의 방식으로 밀어붙인 교육 방법일 수도 있겠다고 생각한다. 왜냐하면 그 과정에서 지시하는 사람과 따르는 사람이 존재했고, 혼을 내는 사람과 혼나는 사람이 존재했고, 매일매일 해야 하는 압박감이 존재했기 때문이다. 세상에 딱히 답은 없다. 얻는 게 있으면 분명 잃는 것도 있다.

"아이가 아직 어려서 엄마 말을 제법 잘 들을 때, 엄마는 아이에게 해줄 수 있는 모든 것을 해주면 좋을 듯싶다. 사춘기가 시작되는 순간부터 아이는 엄마 말을 절대로 잘 듣지 않기 때문에 어떻게 보면 그때가 절호의 기회인 것이다. 따라서 아이가 스트레스를 받지 않는 한도 내에서 아이의 미래에 도움이 될 만한 모든 것, 즉 피아노, 글쓰기, 독서, 운동, 견학, 여행 등 학습이나 취미에 관한 전반적인 부분을 노출시켜 주는 것이 좋다. 그러면 언젠가는 아이에게 분명 많은 영향이 미쳐 있을 것이다."

2-8 매일매일 공부 습관이 강박증으로

무엇이 됐든지 간에 기간과 시간을 정해 놓고 매번 거기에 딱 맞추려고 하면 비록 습관은 될 수 있을지 몰라도 그 압박감은 클 수밖에 없다. 그것도 부담스럽거나 하기 싫은 것은 더할 나위 없다.

"여보세요? 어머니, 저예요."

"응, 그래."

"그동안 어떻게 지내셨어요?"

"그냥 멍하니 지냈다."

"아! 예."

"……."

"……."

"……."

"음... 그럼, 건강 잘 챙기시고 다음에 또 전화 드릴게요."

"그래, 알았다."

벌써 세월이 많이 흘렀다. 신혼 초, 시어머니께 전화를 할 때면 늘 이런 식이었다. 나름 시댁에 미움 안 사려고 이틀에 한 번씩 시어머니께 전화를 했었는데, 진정 우러나지 않는 마음에 하루하루가 마치 지옥 같았다. 게다가 대화에 있어서도 주고받는 대화가 아닌 나만의 일방적인 대화이다 보니 그야말로 썰렁한 분위기 그 자체였다. 정말이지 당장이라도 뚝 끊고 싶은 마음뿐이었다. 전화를 안 하는 날은 그 다음 날 다시 전화해야 한다는 압박감에 시달렸고, 전화를 한 날은 안도감과 그 다음 날의 부담감이 함께 공존했다.

'이틀에 한 번'이라는 기간과 '저녁 7시'라는 시간을 정해 놓고, 그것도 하고 싶지 않은 전화를 매번 해야 한다는 압박감은 시간이 점점 지나면서 강박 증세로 나타나곤 했다. 하루하루가 숨이 막히고 답답했다. 내가 왜 사는지 전혀 삶의 의미를 느낄 수도 없었다. 그러다가 도저히 안 되겠다 싶어 전화 횟수를 점점 줄여나가다가 지금은 아예 안 한다. 다만 진정 우러날 때 편안하게 전화를 한다.

공부도 마찬가지였다. 매일 공부 습관이 아이에게 기본기를 탄탄하게 잡아주는 것도 있었지만 아이는 공부의 양을 떠나서 매일 공부해야 한다는 압박감에 시달렸다. 큰아이의 경우, 매일같이 국어, 수학, 사회, 과학 문제집 각각 1장씩, 한자 1개, 이틀에 한 번 사자성어 1개, 1주일에 한 번 시사토론, 그 밖에 영어 학원과 피아노 학원도 주기적으로 가야 했기 때문에 그 압박감이 매우 컸으리라 생각한다. 그렇다고 그날 할 일을 빼먹거나 뒤로 미룰 경우, 일이 더 복잡해지고 나중에 더 힘들어지기 때문에 적어도 그날 할 일은 그날 끝내는 걸로 못을 박아버렸다.

'내가 헛되이 보낸 오늘 하루는 어제 죽어간 이들이 그토록 바라던 내일이다'라는 무시무시한 명언을 난 아이에게 계속 주입시키면서 매일 공부 습관을 놓지 않게 관리했다. 사실 지금 생각해 보면 초등학교 때 형성된 공부 습관도 어차피 중학교 사춘기를 기점으로 와르르 무너질 것을 왜 그리도 목숨을 걸었는지 가끔 '피식' 하고 웃음이 나온다. 여하튼 큰아이는 매일매일 해야 하는 공부로 인해 강박증이 생겼는지 자주 두통을 호소했다.

그런데 엄마인 나도 그랬다. 아이가 초등학교 때는 하나에서 열까지 모든 걸 엄마가 관리해줘야 하기 때문에 그때그때마다 할 일을 얘기해 주고, 감시하고, 체크해 나갈 수밖에 없었다. 그러다 보니 정작 내 개인적인 일은 뒤로 미루게 되고, 그날 또 다른 일이 생기면 압박감이 가중되어 만사가 짜증이 났다.

"엄마, 나 오늘 친구 생일이어서 저녁 식사 초대받았어요."

"응, 그래! 그럼, 몇 시쯤 올 건데?"

"아마 늦을 것 같은데요. 친구들이 저녁 먹고, 실내 방방놀이터에 가서 놀고 싶대요."

"그럼, 저녁 이후에는 아무것도 못하겠네?"

"네, 그럴 것 같아요."

"그럼, 오늘 해야 할 일 지금 빨리 해놓고 가렴."

"지금은 쉬고 싶은데……. 그냥 내일 하면 안 돼요?"

"그럼, 오늘 못한 것까지 해서 내일은 두 배로 더 힘들잖아."

"어휴! 마음 편하게 놀지도 못하고……."

"그럼, 시간 날 때마다 아예 많이 풀어놓든지. 하루에 겨우 1장씩 풀면서 빼먹으면 나중에는 얼마나 더 힘들어지는데 그래. 엄마도 옆에서 힘들어 죽겠어."

매일 공부 습관이 벼락치기와 다른 것은 하루 공부 분량이 적은 반면 꾸준히 해야 하는 부담감이 있다는 점이다. 다만 시험 기간에는 그동안 공부를 꾸준히 해왔기 때문에 따로 시험 공부할 필요 없이 그냥 편하게 볼 수 있다는 장점이 있다. 아이를 옆에서 죽 지켜본 결과 오히려 평소보다 시험 기간에 더 편안해했다. 적어도 시험 기간에는 매일 한 장씩 풀어야 하는 압박감은 없었으니까.

며칠 전, 중학교 3학년 엄마들 모임이 있었다. 그동안 가슴속 깊이 쌓아 놓았던 얘기보따리를 폭풍수다로 풀어내면서 화기애애한 분위기를 이끌어갔다. 주요 내용은 아이들 교육 문제, 사춘기,

우울증, 남편 얘기, 그리고 시댁 문제 등이었다. 그중 시댁 문제를 얘기하다가 어떤 엄마가 갑자기 울기 시작했다. 이유인 즉, 자신은 시댁에 안 간 지 4년이 다 되어 가는데, 그 전에 시어머니가 자주 안 온다고, 자주 전화 안 한다고 압박감을 엄청나게 줬다는 것이다. 그래서 결국 감정의 골이 깊어질 대로 깊어져 시댁과 등을 돌렸다고 한다.

그리고 또 다른 엄마는 이런 얘기를 했다. "저도 1주일에 2번 전화를 드리는데, 그때마다 딱히 할 말도 없고……. 전화하기 전에는 가슴이 벌렁벌렁하고, 끊고 나면 정말 안심이 되더라고요." 이러한 상황이 언제 적 얘기인지 모르겠다. 다들 사는 건 똑같았다.

"사실 딸아이는 초등학교 때의 매일매일 공부 습관이 중학교에 가서는 벼락치기 공부 습관으로 바뀐 경우다. 그러니까 난 매일매일 조금씩 하는 습관이 좋다고 판단했지만 아이는 시험 보기 직전에 한꺼번에 몰아서 하는 벼락치기가 맞는다고 판단한 것이다. 장기 기억보다는 단기 기억에 강하다고나 할까! 여하튼 엄마가 아무리 좋은 습관을 강요해도 아이는 결국 자신만의 방법을 찾아간다는 사실이다."

2-9 공부 잘하는 착한 아이는 엄마의 잔인함을 부른다

돈도 가진 자가 더 가지려고 하듯이 공부 잘하는 아이를 둔 엄마도 아이에게 더 욕심을 부리게 마련이다. 그것도 공부 잘하는 착한 아이를 둔 엄마는 아이가 딱히 반항을 하지 않기 때문에 그 욕심이 가히 하늘을 찌른다. 그래서 아이가 진정으로 원하든 원하지 않든 모든 것이 엄마에 의해서 결정되고 실행된다. 그런데 그런 엄마가 바로 나였다. 내 아이는 초등학교 때까지 그야말로 커다란 나무였다. 공부는 물론 성격도 온순한 데다가 참을성도 있었고, 워낙 믿음직스러워서 내가 정신적으로 쉴 수 있는 그런 휴식 같은 아이였다.

그러다 보니 아이한테 더 많은 것을 바라게 되고, 그 바람은 아이를 향한 집착으로 이어졌다. 우선 아이의 꿈을 엄마인 내가 정해버렸다. 책도 많이 읽고, 다른 또래 아이들에 비해 언어 구사력이 뛰어난 편이라서 왠지 국제적인 일을 하면 좋을 것 같았다. 그래서 '외교관'이라는 직업을 선택해 줬다. 그 당시 아이는 자신이 원하는 뚜렷한 꿈도 없었기 때문에 그냥 엄마가 정해 준 꿈을 받아들이며 마치 자신의 꿈인 것처럼 이루기 위한 노력을 했을 것이다.

"엄마, 외교관은 무슨 일을 하는 사람이에요?"

"외교관? 음… 엄마도 정확하게는 잘 모르니까 인터넷에서 한번 찾아보자. 자, 여기 보니까 '외교관은 국가를 대표하는 사람으로서 외교 교섭, 파견국의 경제적 이익 증진, 자국민 보호 등을 위하여 외국에 파견된 사람'이라고 나와 있네."

"그럼, 지금 우리나라를 대표하는 외교관은 누구예요?"

"너도 많이 봤을 거야, 반기문 UN사무총장님이라고."

"아하! 이름은 많이 들어봤어요. 얼굴도 보면 알겠죠 뭐."

"너도 외교관이 되면 잘할 수 있을 거야."

"엄마, 저 반기문 UN사무총장님 관련 책 좀 사 주세요."

"당연히 사 줘야지."

적어도 중학교에 들어가기 전까지 아이의 꿈은 외교관이었다. 가정은 물론 학교에서든 학원에서든 꿈에 대해서 얘기를 할 때면 늘 외교관이라는 꿈을 거침없이 내뱉곤 했다. 게다가 엄마인 내가 옆에서 자꾸 부추긴 탓에 무의식적으로 아이의 뇌리 속에는 뜻하지 않은 꿈이 자리잡아가고 있었다. 사실 그땐 몰랐다. 아이가 그냥 순순히 받아들였고, 딱히 거부하지 않았기에 당연히 좋아하는 줄로만 알았다. 그런데 아이가 심한 사춘기를 겪으면서 외교관이라는 꿈이 진정한 자신의 꿈이 아닌 엄마의 강요에 의해 만들어진 꿈이라는 것을 깨닫기 시작했다. "내 꿈을 왜 엄마가 좌지우지해?"라고 하면서.

아무튼 큰아이는 중학교 가기 전까지 너무 순하고 착했기 때문에 엄마인 나로서는 더 완벽한 사람으로 키워 보고자 과도한 욕심을 냈던 것 같다. 100점 맞는 모습을 기대했고, 상 받는 모습을 기대했고, 공부하는 모습을 기대했고, 배려하는 모습을 기대했고, 책 읽는 모습을 기대했고, 봉사하는 모습을 기대했고, 인기 많은 모습을 기대했고, 칭찬 받는 모습을 기대했고, 참을성 있는 모습을 기대했고, 글 잘 쓰는 모습을 기대했고, 말 잘하는 모습 등을 기대했다.

한마디로 공부 잘하는 착한 아이가 '자식을 향한 엄마의 지나친 기대'라는 잔인함을 불러온 것이다. 그러니까 견제하는 힘이 없다 보니 무방비로 권력을 행사하는 그런 경우라고 해야 할까? 지금 생각해 보니 아이의 무시무시한 사춘기, 즉 견제로 인해 나의 지나친 욕심도 많이 수그러들었고, 상대방의 아픔을 헤아릴 줄 아는 너그러움도 생긴 것 같다. 그리고 가장 중요한 것은 내가 낳은 자식이지만 결코 내 소유물이 아니라는 사실이다.

이런 사건도 있었다. 대입을 치른 어떤 남학생이 자신의 엄마가 그토록 원하던 대학을 합격한 후 유서를 써놓고 자살한 사건이다. 그 유서에는 '엄마가 그토록 원하던 대학에 합격했으니 이젠 됐죠?'라는 비아냥거리는 원망의 내용이 있었다. 나도 이 사건을 접하고 사실 남 일 같지 않아 몹시 부끄러웠다. 다행히도 큰아이는 사춘기를 통해 그동안 쌓아놨던 모든 분노를 나에게 다 풀었지만 그 남학생은 아마도 쌓인 감정을 풀지 못한 채 극단적인 선택을 한 것 같다. 정말이지 우리 사회에 많은 것을 시사해 준 안타까운 사건이었다.

그런데 실제로 아이들의 과도한 학습량으로 인해 자식과 부모 간의 갈등이 점점 심각해지고 있다. 내 주변의 엄마들만 보더라도 학원에 가니 안 가니 하면서 아이들과 실랑이를 벌이는 경우가 많다. 아이들은 아이들 나름대로 학교에 갔다가 또 학원에 가려면 피곤하고 짜증이 날 수밖에 없다. 반면 엄마들도 그런 아이들이 안쓰럽긴 하지만 학원에 안 가면 실력이 뒤처질 것이고, 또 학원비도 만만치 않기 때문에 억지로라도 보낼 수밖에 없다.

"한번은 우리 딸이 나한테 너무 섭섭했다며 아주 서럽게 울더라고요."

"왜요?"

"자기가 고등학교 3학년 때, 몸이 너무 아파서 좀 쉬고 싶었는데, 내가 약 먹고 빨리 학원에 가라고 보챘나 봐요. 그날은 정말 견디기 힘들 정도로 아파서 얘기한 건데, 내가 막 화를 내면서 무조건 학원에 가야 한다고 했대요. 하루 빠지면 학원비가 얼마냐며. 게다가 그날은 눈보라가 치면서 날씨도 몹시 추웠고, 바람도 무척 심했다고 그러더라고요."

"아이고! 몸도 아픈데, 엄마가 얼마나 원망스러웠을까!"

사실 엄마들의 입장을 보면 집에서 악역을 맡을 수밖에 없다. 그렇지 않고 가족 한 사람 한 사람의 의견을 모두 수용해 줄 경우, 과연 집안이 어떻게 되겠는가! 그래서 '엄마'라는 자리는 항상 외롭다.

"아이를 키우는 대부분의 엄마들은 아픈 아이와 학원의 갈림길에서 방황하는 경우가 많이 있을 것이다. 그런데 내가 직접 경험을 해보고, 지인들의 얘기를 들어본 결과 아이가 자주 아프다고 꾀병을 부리지 않는 이상 아프다고 했을 때 기어코 학원에 보내는 일이 없었으면 한다. 왜냐하면 엄마들은 그냥 쉽게 잊어버릴 이 같은 문제를 아이는 평생 가슴속에 상처로 담아두기 때문이다."

2-10 경쟁만 부추기는 암담한 우리나라 교육의 현주소

지금도 OO고등학교 도서관에 가 보면 전체 등수별로 자리 배치가 되어 있다고 한다. 고로 누가 전체에서 1등 하는지, 꼴등하는지를 알 수 있다는 것이다. 아무래도 학교 측에서는 서로 경쟁을 부추겨서 모두가 열심히 공부하는 학교로 만들고자 했던 것 같다. 하지만 난 한편으로 이러한 학교 분위기에서 아이가 받을 상처를 생각해 봤다. 만약 우리 큰아이가 이런 학교를 간다면 잘 적응해 나갈 수 있을지 도저히 상상이 가질 않는다. 어찌 됐건 이 학교는 명문으로 손꼽히는 일반 고등학교 중의 하나이다.

"저는 공부할 때 글자 하나도 빼놓지 않고 무조건 다 외웠어요. 모든 과목을 그냥 닥치는 대로 다 외웠죠. OO외고의 경우, 특히 중국어과는 단위 수가 워낙 커서 공부를 정말 열심히 하지 않으면 안 돼요. 저도 지필평가 100점에 수행도 잘 본 것 같은데, B등급이 나왔더라고요. 지금도 왜 B등급이 나왔는지 잘 모르겠어요."

올해 서울대에 합격한 학생이 본인이 다니던 OOO 중국어학원에 초빙되어 강의한 내용이다. 현재 OO외고 중국어과를 목표로 두고 있는 큰아이가 이 학원에 다니고 있던 터라 엄마인 나와 겸사겸사 설명회를 듣고 왔다. 그때 이것저것 질문을 많이 했는데, 이 대학생은 몸은 비록 약했지만 악착같이 공부를 했다고 한다. 이 학생이 다닌 OO외고는 학교 분위기 자체가 워낙 조용하고 공부하는 분위기라서 딱히 어딘가에 휩쓸리지 않고, 친구들과 함께 서로를 위로하면서 열심히 공부만 할 수 있었다고 한다.

사실 걱정이다. 만약 큰아이가 OO외고에 합격했다고 해도 그 다음이 문제다. 대부분의 아이들이 공부를 너무 열심히 하기 때문에 아무리 열심히 해도 성적이 쉽게 오르지 않는다는 것이다. 내 주변의 지인도 아들이 OO외고 출신인데, 중학교 때까지는 상위권 아이였다가 고등학교 때는 하위권으로 급격하게 떨어졌다고 했다. 그리고 그 과정에서 아이가 자주 숨이 막힌다고 하소연을 하는 바람에 자신은 하루도 마음 편하게 살지를 못했다는 것이다.

아이들이 입시의 문턱으로 들어서는 순간, 가족들은 모두 입시생이나 다름없다. 아이가 공부를 해야 하기 때문에 모두 다 아이의 눈치를 봐야 하고, 집안은 그야말로 숨소리조차 낼 수 없는 적막함만이 감돈다. 그런데 이런 분위기는 비단 대학을 바라보는 고등학생뿐만이 아니다. 중학생 아이들도 고등학교, 즉 국제고, 특목고, 자사고, 과학고, 영재고 등 특수고등학교를 가기 위해 내신 점수를 잘 받아야 하기 때문에 신경이 굉장히 예민해져 있다. 그러니까 중학교 3년, 고등학교 3년, 총 6년 동안 아이들은 치열한 경쟁 속에서 시름하고 있는 것이다.

"도대체 '수학'이라는 과목은 왜 있는지 모르겠어요. 정작 사회에 나와서는 하나도 못 써먹을걸. 정말 짝짝 찢어죽이고 싶어."

"오늘은 또 왜 이렇게 심술이 나셨어?"

"정말이지 수학이 너무 싫어요."

"그래도 남들 다 하는 거 너만 안 할 수 없잖아."

"우리나라 교육은 왜 그런지 몰라요. 아니 굳이 문과 쪽으로 갈 사람들이 왜 수학을 해야 하냐고요."

"그러게 말이다. 그건 나도 불만이다."

"문과 쪽은 수학이라는 과목을 다 없애버려야 해요."

"그런데 공평한 게 이과 쪽으로 가는 사람들도 국어를 하잖아."

"아무튼 우리나라 교육은 아무 쓸데없이 경쟁만 부추기는 썩어빠진 교육이라고요."

현재 우리나라의 교육을 온몸으로 체험하고 있는 아이의 말에 귀를 기울일 필요가 있다. 사실 옆에서 지켜보는 엄마 입장에서도 학교 교육은 물론 학원 교육 모두 입시 위주의 주입식 교육임을 알고 있다. 다만 학교 교육은 예전 주입식 교육을 탈피해 새로운 방법을 끊임없이 시도하고는 있지만 결국 대학이라는 관문 앞에서 그 모든 것이 무용지물이다. 그리고 창의적 수업이니 토론 수업이니 하는 것도 아이의 말에 의하면 결국 일부 아이들만 끌고 가는 수업이라고 한다.

솔직히 말하건대 우리나라 권력의 핵심인 기득권층 그리고 그 기득권층을 이루는 뿌리 깊은 학벌 문화가 사라지지 않는 한 새로운 교육 제도라는 것은 아무런 의미가 없다. 결국 따져 보면, 좋은 대학과 그렇지 않은 대학을 가리는 것은 변별력인데, 그 변별력을 뛰어넘으려면 사교육밖에 없는 것이다. 그렇다면 사교육은 누가 받는가? 요즘 매달 학원비 나가는 걸 보면 무서울 정도다. 그나마 난 남편이 사업을 하기 때문에 경제적으로 그다지 힘들지 않다. 그래서 기본적으로 영어, 수학, 중국어 학원은 보낸다. 그동안 논술 학원도 꾸준히 보냈다가 요즘엔 끊은 상태다.

문제는 경제적으로 힘든 아이들이다. 아무리 공부에 대한 의지가 불타올라도 학원에 갈 돈이 없기 때문에 아무런 정보 없이 그냥 혼자만의 방식으로 공부를 해야 한다. 그러다 보면 당연히 대치동에 있는 맞춤식 교육이니 클리닉이니 하는 교육을 받은 아이들과 차이가 심하게 벌어지지 않겠는가! 그래서 이제는 개천에서

용이 나오지 않는다. 돈은 있어도 공부할 의지가 없는 아이들과 돈은 없지만 공부할 의지가 있는 아이들을 생각해 보니 참 아이러니하다. 결국 돈 없으면 교육도 받을 수 없고, 이로 인해 좋은 대학도 가기 힘들기 때문에 당연히 기득권층을 바라볼 수조차 없다.

지금까지 살면서 우리나라 교육 시스템에 커다란 문제점이 있다는 것을 느꼈다. 아무리 매번 교육 제도를 이리 뒤집고 저리 뒤집고 해본들 우리 사회에 뿌리 깊게 박혀 있는 학별 문화가 사라지지 않는 한 늘 똑같은 대물림이 연속될 것이다.

"이제는 우리나라도 다른 교육 선진국처럼 학벌 문화에서 능력 문화로 바뀌어야 한다. 사실 좋은 대학을 나왔다고 해서 능력이 뛰어난 것은 아니다. 하지만 취업을 하는 데 있어서 가장 먼저 드러나는 것은 학력이다. 한 예로 단체 생활을 통해 빛이 나는 사람들이 있다. 그 빛은 학벌도 집안도 외모도 인격도 아닌 어디에서 드러나는지 모를 존재감이다. 사실 그런 사람들이 바로 우리 사회에 반드시 필요한 인재인 것이다. 고로 인재를 판별해 내는 시스템부터 바뀌어야 하지 않을까 싶다."

PART 3

마냥 사랑스러웠던
아이의 어린 시절

3-1 첫 탄생에 대한 경이로움

좁은 배 속의 세상이 싫었을까? 내 배를 발로 차는지 머리로 차는지 배가 너무 아팠다. 그 순간, 이제는 아이가 세상 밖으로 나올 시간이 됐음을 감지했다. 먼저 산부인과 병원에 예약을 한 후 부랴부랴 짐을 챙겼다. 그리고 시간이 흘러 난 병실 침대에 누워 있었다. 의사 선생님이 수시로 들락날락하며 내진을 하는 상황에서 난 몹시 초조하고 불안했다. 옛 어르신들이 "세상이 노랗게 보이는 순간 아이가 세상 밖으로 나오는 거다."라고 말씀하셨던 기억이 떠올랐다. 나로서는 노산에, 첫 경험인지라 혹여 잘못될까 봐 주위에서들 더 불안해했다.

그렇게 얼마의 시간이 흘렀을까! 의사 선생님이 아이의 머리가 보인다고, 조금만 더 힘써보자고 다독였다. 정말이지 배 속의 아이를 세상 밖으로 나오게 하는 것이 이토록 힘든 건지 새삼 내 엄마를 다시 한번 생각하게 했다. “응애~ 응애~” 거의 초죽음 상태에서 아기의 울음소리가 들려왔고, 이어 의사 선생님과 남편이 뭐라고 대화하는 소리가 들렸는데, 그때 남편이 나와 아기를 연결한 탯줄을 잘랐다. 그리고 아기는 바로 내 배 위에 올려졌다. 몸을 가누지 못할 정도로 힘들었지만 내 아기를 보는 순간, 말로 형용할 수 없는 경이로움에 하염없이 눈물이 흘렀다.

그리고는 아기와 난 잠시 이별을 했다. 아기는 신생아실에, 난 산후조리원 병실에. 약 2주 동안 머물면서 이제 나도 엄마가 됐다는 생각에 만감이 교차했다. ‘내 사랑스러운 아기를 어떻게 잘 키울 수 있을까?’ 하는 책임감과 나의 또 다른 분신에 대한 설렘이 잠자고 있던 내 정신을 하나하나 깨운 탓에 오히려 몸 회복은 급속도로 빨라졌다. 사실 결혼 전에도 체력에 있어서만큼은 그 누구도 따라올 수 없을 정도로 아주 좋았다. 잠을 겨우 3시간 자고 출근해도 전혀 피곤한 기색이 없어 보인다며 주위 사람들이 하나같이 입을 모았으니까.

“아기가 너무 예뻐요. 피부가 어쩌면 이렇게 뽀얗고 부드러운지…….”

“아이고! 고맙습니다. 이렇게 과찬까지 해주시고.”

“아니 정말 거짓말 하나도 안 보태고 너무 사랑스러워요.”

“다른 아기들도 다 예쁜걸요. 뭘~”

“제가 산후조리원 원장을 한 지 꽤 오래됐는데 이렇게 예쁜 아기를 본 적이 없어요. 저도 이런 아기 하나 있으면 당장이라도 키우고 싶네요."

"정말이지 별 농담도 다 하시네요."

그 당시 내가 입원해 있었던 산후조리원 원장과의 대화 내용이다. 그분은 농담 반 진담 반으로 나에게 이렇게 얘기했는지 모르겠지만 어찌 됐건 내 배 속으로 낳은 아기를 보고 있노라면 매 순간마다 감동의 물결이 요동치곤 했다. 그곳에 머물러 있는 동안 난 신생아실에 누워 있는 내 아기를 정해진 시간대별로 데리고 와서 수유를 통한 교감을 시도했고, 아기와 눈을 맞추려고 노력했다. 그렇게 내 품에 포옥 안겨 있는 아기를 바라보면서 또 다른 미래를 꿈꾸기 시작했던 것이다.

내 사랑스러운 아가야
너를 처음으로 마주한 순간
난 말로 형용할 수 없는 경이로움으로
그저 멍하니 있었단다
만지면 부서질 것 같은 너였기에
그냥 하염없이 눈물만 흘렸지
그리고 생각했단다
'너를 영원히 지켜주겠다'고

산후조리원에서의 하루하루가 지나고 퇴실이 얼마 남지 않았을 때, 난 아예 신생아실에서 내 아기를 데려왔다. 남은 며칠은 그냥 아기와 나만의 시간을 보내고 싶었다. 눈에 넣어도 아플 것 같지 않은 사랑스러운 내 아기를 바라보면서 마냥 행복했고, 적어도 그 순간만큼은 모든 욕심이 다 비워지는 느낌이었다. 갓난아기들은 자신의 몸을 아직 통제하지 못하기 때문에 팔과 다리가 마구잡이로 움직인다. 그래서 마치 온몸을 이용해 춤을 추고 있는 것처럼 보이기도 한다. 그 모습이 웃기기도 하면서 때론 다칠까 봐 무섭기도 했다. 그래서 가능한 한 아기가 편안함을 유지할 수 있도록 팔과 다리를 아기포로 포옥 싸매 줘야 한다.

그런데 난 그 조그맣고 앙증맞은 내 아기를 답답한 아기포에 가두고 싶지 않았다. 그냥 엄마의 마음으로 아기를 자유롭게 풀어주고 싶었다. 게다가 그때는 5월이라서 날도 더운 데다가 뜨끈뜨끈한 산후조리원 방은 거의 찜질방 수준이었다. 그런데 헉! 양말까지 신고 있으라니……. 몸조리 한답시고 더운 방에서 땀을 뻘뻘 흘리며 스트레스받는 게 과연 좋은 방법인지 이해가 가지 않았다. 그때 내 아기도 너무 더웠는지 머릿속에 땀띠가 나서 짓무르는 상황까지 발생했다.

여하튼 첫 탄생에 대한 경이로움으로 감동의 나날을 보내게 해 준 내 아기에게 너무 감사했고, 집으로 가기 전날 밤, 나는 내 아기를 품에 누인 채 조용히 이런 노래를 부르며 잠이 들었다.

♪잘 자라 우리 아가 앞뜰과 뒷동산에 새들도 아가양도 다들 자는데 달님은 영창으로 은구슬 금구슬을 보내는 이 한밤 잘 자라 우리 아가~♬

그때는 몰랐다. 내 배 속에 있었던 아기가 세상과의 소통을 시작하는 순간, 나만의 아기가 아닌 세상 속 또 하나의 인격체였음을 말이다. 그래서였을 게다. 어느 순간, 아이의 생각이 부쩍 커지면서 엄마는 그야말로 죄인이었다. 아이를 선택한 엄마와 엄마로부터 선택을 당한 아이와의 엄청난 충돌! 그것은 아이가 사춘기 때 "엄마, 나 왜 낳았어?"라는 말 한마디에 그 답이 있었다. 그동안 아이를 향해 휘둘렀던 '엄마'라는 권력에 대한 자책과 부끄러움이었다. 조금만 일찍 깨달았더라면 아이를 내 마음대로 좌지우지하지 않고, 아이의 사소한 의견까지도 존중할 줄 아는 그런 멋진 엄마로 기억되지 않았을까 싶다.

"내가 배 아파 낳은 아기라고 절대로 내 소유물은 아니다. 나도 그것을 깨닫지 못했을 때는 아이에게 수시로 명령하고, 아이의 행동이 맘에 들지 않으면 혼을 내고, 내 기분에 따라서 아이를 대했다. 만약 아이가 사춘기를 통해서 그동안 쌓인 감정을 풀어내지 않았다면 아마도 난 지금까지 똑같은 행동을 일삼으며 결국 아이와의 관계가 완전히 틀어졌을지도 모른다. 사춘기! 어떻게 보면 아이의 숨겨진 감정덩어리를 볼 수 있는 기회이다."

3-2 눈에 넣어도 아프지 않을 것 같은 첫째 아이

어쩜 이렇게 예쁠까! 첫째 아이로부터 눈을 뗄 수가 없었다. 보고 또 봐도 너무 신기하고 경이로웠다. 마치 조그마한 인형이 살아 움직이는 것처럼 또 다른 세상에 내가 와 있는 기분이었다. 이제는 제법 눈도 정확히 맞추고, 자신의 몸도 어느 정도 통제가 되는 듯 팔과 다리가 편안해졌다. 첫째 아이와는 충분한 모유 수유가 가능했던 탓에 더 친밀한 교감이 이루어졌던 것 같다. 그렇게 아이는 하루가 다르게 무럭무럭 자라면서 스스로 뒤집기를 시도하는가 하면 어느새 거실 바닥을 기어 다니고 있었다.

"OO 씨, 아이가 몸을 뒤집으려고 해. 빨리 봐봐."

"그러게. 자, 조금만 더 힘내자 우리 아가. 조금만 더. 으랏샤!"

"아이고! 이런 다시 제자리네."

"또 다시 시도할 것 같은데? 그래, 그렇지. 조금만 더."

"와우! 곧 뒤집어질 것 같아. 조금만 더."

"야! 드디어 뒤집었다."

"장하다, 우리 딸."

드디어 뒤집기를 성공한 첫째 아이는 누가 가르쳐 주지 않아도 자연스럽게 배로 바닥을 밀기 시작했다. 그러면서 온 집안을 걸레로 닦듯 배로 청소를 하고 다녔다. 그 당시 아이의 옷을 보면 대부분 배 부분이 거무스름하고 많이 닳아 있었다. 그러다가 서서히 무릎을 꿇고 기기 시작하면서 마음이 급했는지 앞으로 고꾸라지는 대참사가 벌어지기도 했다. 그 시기엔 아직 팔에 힘이 없다 보니 얼굴부터 바닥에 내리꽂는 무시무시한 고통을 겪어내야 했다. 이러한 아이의 성장 과정이 옆에서 지켜보는 부모 입장에서는 무척 신기하기도 하고, 때론 웃다가 하루해를 넘기는 경우도 허다했다. 그리고 좀 더 시간이 지나자 아이는 무언가를 붙잡고 일어나려는 시도를 했다. 정말 신기했다. 이제는 더 높은 세상, 더 넓은 세상을 보고 싶었나 보다.

"어! 아이가 침대 다리를 붙잡고 일어나려고 해."

"그런데 아직 다리에 힘이 없는지 자꾸만 주저앉네."

"저러다가 어느 순간 일어나겠지 뭐~"

"아마 저도 답답할 거야. 빨리 일어나서 걷고 싶은데 뜻대로 잘 안 되니."

"빨리 걸을 수 있도록 보행기 하나 얼른 구입해야겠어."

"그렇게 해."

어느 순간, 보행기를 탄 아이는 각 방을 쌩쌩 달리며 이리 부딪치고 저리 부딪치고 하면서 무척 신나했다. 가끔씩 벽에 심하게 부딪치면서 다시 튕겨 나오는 아이의 모습을 볼 때면 터져 나오는 웃음을 참을 수가 없었다. 아무튼 그런 아이의 모습을 지켜보면서 하루하루가 너무 행복했고 소중하게 느껴졌다. 이 시기가 지나면 다시는 그런 사랑스러운 아이의 모습을 볼 수 없다는 생각에 매 순간마다 아이의 모습을 카메라로 담아내기 바빴다. 지금도 앨범에 끼우지 못하고 그냥 덩어리째 보관되어 있는 첫째 아이의 어릴 때 사진들이 서랍 깊숙이 어디에선가 곤히 잠자고 있을 것이다.

보행기를 탄 지 얼마나 됐을까? 이제는 보행기를 의지한 채 걷는 게 아니라 아이가 보행기를 끌고 다니는 것처럼 보였다. 이 말은 곧 보행기를 빼도 아이 스스로 걸을 수 있다는 것을 뜻한다. 예측이 맞았다. 다만 의지할 게 있을 때와 없을 때의 차이점은 의지할 게 있을 때는 자신감이 생겨서 자기도 모르게 서서 걷고 있다는 사실이다. 반면 의지할 게 없을 때는 두려움이 먼저 앞서다 보니 자꾸 넘어지는 경우가 생기는데, 여하튼 아이는 곧 안정적으로 걷게 되었다.

“자, 예쁜 우리 딸 한번 걸어 볼까?”

“그렇지, 한 발 한 발. 아이고! 잘하네. 조금만 더. 이제 엄마 손은 놓는다.”

“우리 딸 아빠랑 잘 걷네. 그래 조금만 더 걸어 보자.”

“이제 아빠도 손 놓을 테니까 너 혼자 걸어야 돼? 자! 옳지 잘하네.”

“와우! 우리 딸 혼자서도 잘 걷는데…….”

“조금만 더 걸어보자. 파이팅!”

“아이고! 조심조심… 꽈당…….”

아이들이 맨 처음 하는 말은 옹알이다. 부모가 아이에게 뭐라 물으면 아이는 그 말을 알아듣고, 자기만의 언어인 옹알이로 대답한다. 물론 부모는 아이의 옹알이를 당연히 알아듣는다. 다만 남들도 알아들을 거라는 건 큰 오산이다. 그러다가 “엄마”라는 말을 가장 먼저 내뱉고, 그다음 “아빠”로 이어진다. 그러면서 서서히 일상적인 단어를 적재적소가 아닌 그야말로 아이가 갖다 붙이고 싶은 곳에 마구잡이로 갖다 붙인다. 그것마저 너무 귀여워서 충분히 용서가 된다. 그리고 곧 짧은 문장도 구사하기 시작한다.

"딸아, 우리 김밥 싸서 먹을까?"

"네."

"그럼, 넌 여기 의자에 앉아서 엄마가 달라는 거 좀 집어 줘?"

"네."

"저기 단무지 좀 줘 봐."

"여기요."

"……."

"……."

"자, 이제 다 된 것 같다. 아빠한테 김밥 먹자고 하렴."

"아빠, 우리 김밥 먹어자."

아이가 옹알이를 시작하고, 그다음 단어, 문장 순으로 말을 구사할 때, 주변에 다소 말이 늦게 트이는 아이들이 몇몇 있었다. 첫째아이가 한창 짧은 문장을 구사할 당시, 말로 제대로 표현을 못하는 한 아이의 엄마가 다른 엄마들 앞에서 자신의 아이를 마구 혼냈다. 그 순간, 그 아이는 큰 소리로 울기 시작했고, 그 엄마는 창피했는지 아이 손을 낚아채듯 잡고 휭 하니 가버렸다. 안타까웠다. 조금만 기다려 주면 될 텐데. 사실, 지나고 보면 아무것도 아닌 것을……. 그 당시 그 아이가 받았을 상처가 훗날 어떤 식으로 표현될지는 그 누구도 모른다.

"우리나라 사람들은 무엇이든지 '빨리빨리'를 좋아한다. 빨리 선행하고, 빨리 취업하고, 빨리 승진하고……. 그렇다면 빨리 퇴직하는 게 좋을까? 아마도 그건 아닐 것이다. 그 무언가가 빨리 이루어지면 그만큼 빨리 수그러드는 허무함도 있다. 나도 이제는 기다림의 미학, 느림의 미학이 무엇인지 서서히 깨달아 가는 중이다. 무엇보다도 나를 비롯한 가족들의 마음의 평안을 위해서."

3-3 아이의 행복 공간, 놀이터와 친했던 나

“OO아, 공 던진다. 자, 받아. 슛… 아이고! 공이 저리로 날아가 버렸네.”

“엄마, 내가 주워 올게요.”

“…….”

“…….”

“엄마, 이제 내가 엄마한테 던질게요. 자, 받아요. 이얍…….”

“와우! 엄만 받았네. 짠…….”

“엄마는 공받기 천재예요.”

“우리 딸도 곧 그렇게 될걸.”

아이들에게 놀이터란 마음껏 소리 지르며 뛰어놀기도 하고, 이곳저곳 주변을 탐색하면서 사회성과 창의성을 길러 나가는 놀이

학습장이다. 첫째 아이가 2살 때부터 난 아파트 내 놀이터와 친해졌다. 그때는 그냥 아이를 유모차에 태워 쉬엄쉬엄 놀이터를 한 바퀴 돌고 집에 들어오곤 했다. 그러다 보면 나름 기분 전환도 되고, 아이에게 있어서는 모처럼 바깥바람을 쐬니까 집안에서 칭얼거리는 게 조금 덜했다. 그렇게 난 아이가 2살 때부터 놀이터와 인연을 맺었고, 점점 더 친한 사이가 되어 갔다.

아이가 3살 때부터는 놀이터에서 신나게 뛰어놀며 친구들도 사귀고, 재미있는 소꿉놀이도 하면서 대부분의 시간을 보냈다. 그러다 보니 엄마인 나도 덩달아 동네 아줌마들과 수다도 떨고, 이런저런 정보도 얻으면서 하나의 든든한 아줌마 네트워크를 형성해 나갈 수 있었다. 특히 육아 부분에 있어서 엄마들의 다양한 경험을 들을 수 있었고, 그 과정에서 내 아이가 얼마나 나를 행복하게 해주는 존재인지 새삼 깨달았다.

"아이 키우기 힘들지 않아요?"

"당연히 힘들죠. 우리 아이는 반찬 투정이 어찌나 심한지 몰라요. 콩이란 콩은 다 빼고, 나물 종류는 거의 안 먹어요. 이러다가 영양실조 될까 싶어요."

"우리 아이는 본인이 원하는 걸 안 사 주면 그냥 드러누워요. 며칠 전에도 마트 장난감 코너에서 로봇을 사 달라고 막 조르는 거예요. 그래서 안 된다고 했더니 사람들 보는 앞에서 막 드러눕더라고요. 순간 얼마나 창피했던지 집에 와서 분이 풀릴 때까지 혼냈어요."

"정말 그럴 땐 얼마나 꼴도 보기 싫은지 몰라요. 사실 나도 그런 경험이 있었거든요. 정말이지 요즘 같이 물질 만능 시대에는 아이들 키우기가 더 힘들어요. 남들 갖는 것, 저도 다 가져야 하니……."

"그러게요."

대부분의 엄마들은 육아로 인해 많이 지쳐 있었다. 그런데 난 첫째 아이가 너무 순하고 말도 잘 들어서 엄마들의 말에 그냥 고개만 끄덕끄덕 공감하는 척했다. 그 상황에서 "우리 아이는 너무 순하고, 말도 잘 들어요."라고 하면 분위기는 금세 싸해질 게 뻔하다. 그리고 어느 순간, 엄마들 네트워크에서 조용히 사라지게 될지도 모른다. 솔직히 나도 내 아이가 말을 너무 안 들어 죽고 싶은 심정인데, 상대방 엄마는 자기 아이 자랑만 하고 있으면 몹시 얄미울 것 같다.

여하튼 놀이터는 아이들에게 맘껏 뛰어놀 수 있는 꿈의 공간이었고, 엄마들에게 휴식, 정보 교환, 폭풍수다를 떨 수 있는 그야말로 쉼터 그 자체였다. 게다가 놀이터에서 형성된 엄마들 네트워크는 돌아가면서 자신의 집에 초대하는 또 다른 재미도 안겨 주었다. 다 고만고만한 아이들이 초대되어 뭉치는 순간 어느 집이든

한순간에 초토화가 되어버리곤 했다. 주스를 담은 물컵이 바닥에 엎질러져 끈적끈적해지는가 하면 집에 있는 블록들이 전부 쏟아져 나와 발 디딜 틈조차 없게 만들고, 몇몇 블록은 아예 농장 밑으로 깊숙이 들어가 찾을 수조차 없었다.

그뿐인가! 저쪽에서는 아이들끼리 내 거니 네 거니 하면서 장난감 가지고 서로 싸우기도 하고, 이쪽에서는 장난감 가지고 놀다가 망가뜨리는 바람에 그 아이 엄마가 어쩔 줄 몰라 하며 초대한 엄마한테 대신 사과하는 등 약 2시간가량 머물면서 별의별 일이 다 벌어졌다. 그 사이에 엄마들은 그동안 쌓여 있었던 스트레스를 폭풍수다로 풀어내면서 자신의 아이들을 관찰했다. 그렇게 엄마들은 놀이터와 각자의 집을 오가며 스트레스도 풀고, 아이들의 사회성도 파악할 수 있었기 때문에 놀이터는 오히려 엄마들에게 없어서는 안 될 소중한 존재였다.

"도대체 우리 남편은 왜 그런지 모르겠어요. 퇴근하고 집에 오면 아이는 나 몰라라 하고 오직 리모컨만 돌리면서 TV만 본다니까요."

"아이고! 나도 그래. 나는 씻기라도 했으면 좋겠어. 얼마나 발고린내가 심하게 나는지 아이가 항상 코를 움켜잡고 있다니까."

"다들 남편 분들에게 쌓인 게 많은 것 같네요. 사실 전 시어머니 때문에 남편이 더 미워지더라고요."

"도대체 시어머니가 어떠신데……."

"지금 우리 집에 와 계시는데, 추워도 뜨거운 물을 사용할 수가 없어요."

"아니, 왜요?"

"뜨거운 물로 설거지를 하고 있으면 어느새 제 옆에 오셔서 찬물 쪽으로 확 돌려버려요. 보일러 값 많이 나온다고."

"정말 심하시네요. 내가 다 분노가 치솟는데요."

아이들의 행복 공간이라고 할 수 있는 놀이터! 마음껏 뛰어놀고, 마음껏 소리쳐도 그 누가 뭐라 하지 않는 신나는 놀이터는 아이들을 행복하게 키우기 위한 엄마들의 마음을 먼저 위로하고 다독여 준 그런 가슴 따뜻한 공간이었다.

"지금 생각해 봐도 아파트 내 놀이터는 아이들과 엄마들이 유일하게 스트레스를 발산할 수 있었던 꿈의 공간이었다. 그 당시 난 아무리 바빠도 놀이터에 아이들을 데리고 나가서 어두워질 때까지 실컷 놀게 했다. 아이는 자전거도 타고, 그네도 타고, 또래 아이들과 미끄럼틀에서 잡기놀이도 하면서 정말 신나게 뛰어놀았다. 그래서일까? 지금도 딸아이는 그 당시 놀이터에서 있었던 일을 추억하며 웃음 짓곤 한다."

3-4 어디를 가든 아우라가 펼쳐진 내 딸

♬~I want nobody nobody But You I want nobody nobody But You 난 다른 사람은 싫어 니가 아니면 싫어 I want nobody nobody nobody nobody nobody~♪

"저기 저애는 도대체 누구야?"

"누구?"

"저기 왼쪽에서 세 번째, 하얀 얼굴에 하얀 머리띠 한 아이."

"그러게."

"춤, 정말 잘 추지 않아? 끼가 굉장한걸."

"저기 허리 돌아가는 것 좀 봐. 아이고! 너무 귀엽다."

"저 노래가 무슨 뜻인지나 알고 춤을 추는 건지……."

"저 때 무슨 생각이 있겠어. 아무 생각 없지 뭐~"

첫째 아이가 5살 때, 어린이집에서 재롱잔치가 열렸다. 그때 한창 붐을 일으킨 원더걸스의 '노바디' 노래에 맞춰 아이들이 춤을 추고 있었고, 관객석에 앉아 있던 두 엄마가 내 딸을 보면서 나누던 대화 내용이다. 그때 옆에서 그 얘기를 듣고 있던 나는 삐져나오는 웃음을 참느라 진땀을 빼고 있었다. 당시 관객석에서 바라보는 내 딸의 모습은 그야말로 무대의 주인공처럼 환하게 아우라가 펼쳐져 있었다. 엉덩이를 씰룩쌜룩하면서 예쁘게 보이려고 안간힘을 쓰는 아이의 모습이 어찌나 귀엽고 사랑스러운지……. 지금 생각해 보면 당시 부모들에게 있어서 무대 위 아이들은 모두 다 아우라가 펼쳐진 최고의 주인공이었다.

그리고 시간이 흘러 유치원 때의 일이다. 공개 수업이니 체육대회니 하면서 유치원을 방문했을 때 유독 내 아이가 눈에 띄었던 것은 왜일까! 모든 엄마들이 자신의 아이를 바라볼 때면 다 나 같은 기분일까? 그 어디를 가든 내 아이에 대한 애틋함이 항상 내 가슴속 깊이 서려 있었던 것 같다. 그래서 내 눈에는 내 아이만 보이고, 내 아이한테만 아우라가 펼쳐진 것처럼 느껴졌을 게다. 여하튼 유치원에 갈 때마다 여선생님들이 아이를 꼭 껴안고 거의 쪽쪽 빨다시피 하면서 너무 예쁘다며 칭찬을 아끼지 않았다. 그런 아이를 바라보고 있는 난 항상 행복했고, 이 세상의 모든 것을 다 가진 것처럼 풍요로웠다.

“OO 어머님, 우리 유치원 들어오는 입구에 커다란 액자 보셨죠?”

“네, 당연히 봤죠. 그 액자 안에 OOO유치원 아이들의 모습이 담겨 있던데요.”

“네. 그런데 OO이 사진을 넣을까 해서요. 유치원 정원 배경이랑 아이가 너무 잘 어우러져 예쁘게 나왔더라고요. 혹시 어머님, 괜찮으신가요?”

“와우! 정말요? 그런데 왜 우리 아이 사진을…….”

“선생님들끼리 상의한 결과 그 사진이 너무 좋을 것 같아서 한번 바꿔 보려고요.”

“그럼, 저야 감사하지요.”

참으로 아이러니했다. 왜 하필 우리 아이 독사진을 유치원 입구에 걸어놨는지 도무지 이해할 수가 없었다. 어찌 됐건 엄마인 나로서는 당장이라도 하늘을 날아갈 듯 너무 기분 좋은 일이었고, 매번 차를 타고 그 유치원을 지날 때마다 내 아이가 찍힌 커다란 액자가 나의 마음을 항상 설레게 했다. 지금 다시 한번 그때의 기억을 더듬어 보련다. 환하게 아우라가 펼쳐진 그 중심에 자연을 벗 삼아 골똘히 생각에 잠긴 맑고 순수했던 내 아이의 모습, 그 모습이 지금도 눈앞에 선하다.

요즘 사춘기 아이들을 키우고 있는 엄마들의 카톡 프로필 사진에는 아이들의 어린 시절 사진이 올라와 있다. 아마도 쑥 커버린, 다소 징그러운 아이들 모습이 낯설고 어색한지라 그야말로 품 안의 자식이었던 어릴 적 그 사랑스러운 모습이 한없이 그리웠을 게다. 나도 가끔 남편이랑 아이의 어린 시절 사진을 펼쳐보곤 하는데, 그때는 왜 그리도 예쁘고 사랑스러웠는지 앨범을 한 장 한 장 넘길 때마다 미소가 절로 나온다.

며칠 전, 첫째 아이 초등학교 1학년 때 만났던 엄마들 모임이 있었다. 만난 지도 벌써 10년이 다 되어 가는 지금, 엄마들은 하나둘씩 주름이 늘어가고, 아이들은 벌써 고등학교 진학을 앞두고 있다. 그런데 다들 아직도 사랑스러웠던 아기 때의 모습을 잊지 못한 채 옛 추억 속에 그대로 머물러 있었다.

"아니, 카톡 프로필 사진에 올려놓은 쌍둥이들 너무 귀엽더라. 도대체 언제 적 사진이야?"

"아마도 2살 때쯤일 거야. 둘이 다정하게 밖을 내다보고 있기에 내가 뒤에서 살짝 찍었어. 기저귀 찬 엉덩이 너무 웃기지?"

"요즘 엄마들 카톡 프로필 사진 보니까 대부분 아이들 어렸을 때 사진이더라고."

"그 시절이 그리운 거지 뭐."

"나는 카톡 사진에 우리 아이 유치원 때 사진 올려놨거든. 이것 좀 봐봐."

"아이고! 귀여워라. 다들 이렇게 귀여울 때가 있었는데, 지금은 다들 왜 이러는지 몰라."

"그러게 말이야. 어릴 때는 환하게 아우라가 펼쳐졌었는데, 지금은 어두운 그림자만 드리워져 있으니……."

"중학교 시기만 지나도 좀 낫지 않을까?"

"아무튼 난 아이들 어린 시절이 너무 그리워."

그냥 보기만 해도 마냥 행복해지는 시절이 있었다. 내 아이가 어렸을 적에. 지금 생각해 보면, 한번 가면 다시는 돌아오지 않을 내 아이의 소중한 어린 시절을 엄마인 내가 행여나 흠집을 내지는 않았는지, 내 욕심으로 아이를 끌고 가지는 않았는지 무척 조심스러워진다. 여하튼 그 시절로 다시 돌아갈 수만 있다면 난 아이의 손을 꼭 잡은 채 따뜻한 엄마의 사랑을 듬뿍 심어 주고 싶다.

"어린 시절의 사랑스러웠던 내 아이, 그 시기가 그냥 후딱 지나가버린 것 같아 그저 아쉬울 뿐이다. 이제는 영영 볼 수 없는 내 아이의 어린 시절, 지금 생각해 보면 당시 엄마로서 최선을 다한 것 같긴 한데 아쉬움이 많이 남는다. 고사리 같았던 아이의 손을 더 꼭 잡아 줄걸……. 자그마했던 아이를 내 품에 더 포옥 안아 줄걸……. 아이의 맑고 순수했던 눈동자를 더 오랫동안 바라봐 줄걸……."

3-5 눈을 떼는 순간 발생하는 사건 사고

혹시나 하는 생각에 뒤를 돌아본 순간, 아이의 얼굴이 새파랗게 변해 가고 있었다. 나는 두려움과 공포로 사색이 된 채 아이에게 잽싸게 달려들어 등을 있는 힘껏 내리쳤다. 그런데 아무런 소용이 없었다. 아이는 캑캑거리면서 어떻게 해야 할지를 몰라 했다. 그때 나의 비명 소리를 듣고 안방에서 뛰쳐나온 남편이 아이의 입 속으로 손가락을 집어넣어 목에 걸린 사탕을 빼내려고 안간힘을 썼다. 나는 옆에서 발을 동동 구르면서 울부짖었다.

한 시가 급했다. 아이 목에 걸린 사탕을 빼내지 않으면 아이가 어떻게 될지 모르는 그런 급박한 상황이었다. 사탕은 점점 더 아이의 기도를 파고 들어갔고, 남편과 나는 거의 미쳐가고 있었다. 그 순간 나는 아이의 두 발목을 잡아 높이 쳐들었고, 남편은 거꾸로 들린 아이의 등을 죽을힘을 다해 힘껏 내리쳤다. 그리고는 손가락으로 아이의 목에 걸린 사탕을 파냈다. 거실 바닥에 피가 낭자했다. 아이 입에서는 계속해서 선홍빛 피가 흐르고 있었고, 잠시 후 조그마한 구슬 사탕이 아이의 목에서 톡 튀어나왔다.

한동안 멍했다. 그리고 잠시 후, 마치 빠져나간 혼이 다시 서서히 나에게로 들어오는 듯 주변이 보이기 시작했고, 동시에 아이의 낯빛도 돌아오고 있었다. 그제야 남편과 나는 안도의 한숨을 내쉬었다. 어떻게 이런 일이 나에게도 벌어질 수 있는지, 지금까지의 상황이 그저 꿈처럼 느껴졌다. 두려웠다, 앞으로 아이를 어떻게 키울 것인지. 엄마의 촉이라는 것은 정말 정확했다. 거실에 앉아 있는 아이 앞에 사탕바구니가 놓여 있었고, 나는 아이를 등진 채 주방 쪽으로 향하는 상황에서 '혹시 아이가 저 사탕을 까서 먹지 않을까? 저 사탕은 크지도 작지도 않은 아이의 목구멍에 딱 맞을 만한 크기인데…….'라는 위험한 감이 있었다. 하지만 '설마' 하고 돌아서는 순간, 아이는 이미 그 사탕을 하나 까서 먹었고, 곧바로 목에 걸린 것이다.

그렇게 엄마의 예리한 촉은 불길한 예감과 딱 맞아떨어졌고, 이후에도 이러한 일이 계속해서 벌어지곤 했다. 물론 삶과 죽음을 오가던 위의 '사탕 사건'처럼 끔찍한 일은 아니었지만 말이다.

어찌 됐건 아이가 세 살 때, 다시는 생각하고 싶지 않은 '사탕 사건'을 혹독하게 치르고, 4년 후 그러니까 6살 때 '노란 봉 사건'이 또 하나 발생했다. 첫째 딸아이의 경우, 아주 어렸을 때는 다소 여자아이다운 성향을 띠었다. 그런데 점점 본색을 드러내듯 남자아이가 좋아할 만한 놀이를 즐기는 게 아닌가! 한번은 빨간 슈퍼맨 망토를 걸치고, 머리에는 두건을, 한 손에는 노란 긴 봉을 휘두르며 동생과 놀고 있었다.

"지금부터 내가 너희들의 대장이다."
"네, 장군님."
"너는 이 근처에 적군이 없는지 한번 살펴보고 오너라."
"네, 알겠습니다. 장군님."
"……."
"……."
"장군님, 큰일 났습니다. 지금 적군이 우리 쪽으로 쳐들어오고 있습니다."
"알았다. 그럼, 우리도 싸우자."
"네, 장군님."
"자, 나를 따르라."

그리고 잠시 후 어디선가 아이의 자지러지는 울음소리가 들려왔다. 나는 설거지를 하다 말고 곧바로 아이에게 달려갔다. 그런데 아이의 입에서 피가 흐르고 있는 게 아닌가! 옆을 보니 한쪽 손에 들고 있던 노란 긴 봉 끝 부분에도 피가 묻어 있었다. 그러니까 그 봉을 자기 딴에는 멋있게 휘두른다고 휘두르다가 순간 입속에 넣고 장난을 쳤던 것 같다. 혀 밑 연결 부분이 끊어져 피가 많이 나고 있었다. 정말이지 상상을 초월하는 장난으로 매번 나의 간담을 서늘하게 만든 첫째 아이로 인해 적어도 초등학교 전까지는 한시도 눈을 뗄 수가 없었다.

그 당시 너무 걱정 돼서 부랴부랴 병원에 갔는데, 의사 선생님이 끊어진 부분을 딱히 붙일 방법이 없다며 그냥 내버려 두라고 했다. 그리고 잘 기억은 나지 않지만 방문 영어 선생님은 오히려 영어를 발음하는 데 있어서 버터 발음이 될 가능성이 높다며 긍정적인 답변을 내려 줬다. 그러니까 굳이 영어 발음을 애써 굴리지 않아도 혀 밑의 특성상 저절로 굴려진다는 것이다. 지금 생각해 보면 요즘 흔히 말하는 '웃프다'라는 말이 그때 상황에 딱 맞는 말이 아닌가 싶다.

아이를 낳고 키우는 엄마들의 마음을 내가 직접 엄마가 되어 보니 비로소 알 것 같았다. 우리 옛 어르신들이 "결혼을 하고, 아이를 낳고 키워 봐야 비로소 인생을 안다."라고 말씀하신 게 무슨 의미인지 충분히 이해가 갔다. 그러고 보니 문득 돌아가신 나의 엄마가 생각난다. 내가 지금 이렇게 아무 탈 없이 건강하게 잘 살고 있는 것도 그 옛날 나를 향한 엄마의 사랑이 있었기에 가능한 일이 아니었을까!

여하튼 아이가 어렸을 때, 눈만 떼면 발생하는 사건, 사고로 인해 난 항상 아이 곁을 주시하면서 거의 한몸처럼 움직였다. 지금도 마찬가지다. 어느새 훌쩍 커버린 아이지만 이제는 육체가 아닌 마음을 주시하면서 혹시나 '아이가 잘못된 길로 가지 않을까?', '잘못된 생각을 하지 않을까?' 하는 엄마의 마음으로 항상 지켜보고 있다.

나무가 말했다. "내 줄기를 베어다가 배를 만들렴. 그러면 너는 멀리 떠나갈 수 있고, 행복해질 수 있을 거야."라고. 그러자 소년은 정말로 나무의 줄기를 베어 배를 만들었고, 곧바로 그 배를 타고 떠나버렸다. 그래서 나무는 행복했지만……. 정말 그런 것은 아니었단다. 아낌없이 주는 나무, 그것이 바로 모든 부모들의 마음이 아닐까 싶다.

"아이들은 부모가 자신들을 키우느라 얼마나 애를 쓰는지 잘 모른다. 그저 부모의 희생은 당연한 거라고 생각하기 때문에 때론 지치고 우울해질 때가 많다. 그렇다고 아이들에게 하소연을 해본들 아무 소용이 없다. 사람은 누구나 다 경험을 통해 깨닫지 않으면 그 무엇도 이해하지 못한다. 나도 돌아가신 내 엄마에게 진정으로 용서를 구한 때가 내 아이의 사춘기로 인해 너무도 힘들었던 시기였다."

3-6 고열로 심하게 앓던 아이와 지새운 밤들

정말이지 커도 너무 컸다. 목구멍 속 양쪽 편도가 다른 사람들에 비해 너무 크다 보니 감기라도 걸릴라치면 곧바로 고열로 이어졌다. 그렇게 첫째 아이는 어렸을 때부터 감기로 인한 고열로 병원 응급실을 수시로 들락날락거렸다. 보통 사람들의 체온은 36.5도이다. 그런데 첫째 아이는 열이 났다 하면 기본 37도, 38도, 최고로 올라갔던 때는 39도였다. 만약 39도에서 열이 떨어지지 않고, 계속 유지된다면 결국 뇌가 파괴되는 매우 위험한 일이 발생할 수도 있다.

지금 생각해 보면, 그 당시 아이가 펄펄 끓는 고열을 어떻게 견뎌냈는지 마음이 짠하다. 사실 나도 10여 년 전에 폐렴 직전까지 간 적이 있었는데, 치료를 받기 전 37도의 체온이 1주일 동안 지속됐었다. 그 당시 1주일이라는 시간이 얼마나 힘들었는지 거의 죽고 싶을 정도로 아무 의욕 없이 지냈다. 그 정도로 36.5도 이상의 체온은 우리 인간에게 있어서 건강은 물론 정신까지도 파괴할 수 있는 매우 위험한 체온임을 그때 깨달았다.

아이가 2살 때, 남편 회사 모임에서 가족 동반 여행을 갔다. 집에서 출발할 당시 아이의 컨디션이 썩 좋지 않았던 터라 좀 걱정이 되긴 했지만 그래도 여행 간다는 생각에 몹시 들떠 있었다. 우리 세 식구는 차를 타고 부산으로 향했다. 그런데 그 과정에서 아이가 너무 힘들어했고, 열이 오르면서 계속 징징거리기 시작했다. 도대체 얼마쯤 갔을까? 아이가 아프다 보니 가는 길이 너무 멀게만 느껴졌다. 솔직히 가는 도중에 아이가 이렇게 아픈데 굳이 여행을 가야 하는지 회의감마저 들기도 했다.

어찌 됐건 비좁은 차 안에서 겨우겨우 견뎌가며 부산에 도착했다. 아이는 여전히 축 처져 있었다. 그래도 순간순간 열이 떨어져서 그런지 먹는 것은 거부해도 놀 때는 그럭저럭 잘 놀았다. 그 당시 여름이었고, 아이보다 4살 많은 언니가 있었기에 함께 바닷가에서 뛰어놀기도 하고, 모래사장에서 모래 쌓기도 하며 즐거운 시간을 보냈다. 그런데 문제는 밤이 되면서부터다. 아이가 열이 서서히 오르기 시작하면서 아무것도 입에 댈 수 없었고, 더군다나 빈속에 약을 먹이니까 계속해서 위액을 토했다.

사실 가족 동반 여행이라서 민폐를 끼치는 것은 아닌지 같이 간 사람들에게 미안한 마음이 들었다. 그래도 할 수 없으니 아이의 열을 빨리 떨어뜨리는 방법밖에 없었다. 그렇게 밤은 점점 더 깊어만 가고, 아이의 열은 떨어질 기미가 전혀 보이질 않았다. 다른 사람들은 하나 둘씩 꿈나라로 빠져들고, 남편과 나 그리고 아이 셋만 그 길고 지루한 밤을 지키고 있었다. 이상하게도 밤이 더 깊어질수록 아이의 열은 점점 더 올라갔다.

몸이 거의 불덩이 같았다. 옷을 다 벗기고 가제 수건에 물을 적셔 계속해서 아이의 몸 전체를 닦아 줬다. 얼마나 몸이 뜨거웠는지 물에 적신 가제 수건이 금방 미적지근해졌다. 남편은 아이의 열이 조금이라도 빨리 떨어지도록 옆에서 계속 부채질을 하고 있었고, 나는 행여나 누가 깰세라 조심조심 물을 받아다가 가제 수건을 적셨다. 그리고 마지막 방법으로서 항문에 넣는 해열제, 써스펜좌약을 사용하였다. 그렇게 별의별 방법을 다 동원하면서 밤은 지나가고 있었고, 아이의 고열도 서서히 식어 가고 있었다.

"아이는 좀 어때요?"

"지금도 약간 미열이 있긴 한데, 그나마 다행히도 많이 떨어졌어요."

"아이는 지금 자나 봐요?"

"네, 이제야 겨우 잠이 들었네요."

"그나저나 피곤해서 어떻게 해요? 잠을 거의 못 주무신 것 같은데……."

"그러게요. 아이가 아플 때마다 늘 이렇게 밤을 꼴딱 새우게 되네요. 우리 부부의 운명인가 보죠 뭐~"

"제 아이는 이렇게까지 고열로 아파 보지 않아서 잘 모르겠는데, 아무튼 아이들 고열, 정말 무섭네요."

감기가 무서웠다. 아이를 키우면서 감기로 인한 후유증이 이렇게까지 클지 누가 알았겠는가! 그런데 이 같은 공포가 우리 가족에게 수시로 찾아왔다. 그때마다 도저히 집에서 해결할 수 없는 불안함이 우리 부부를 병원 응급실로 향하게 만들었다. 적어도 아이가 2살 때부터 5살 때까지는 밤이 편히 쉴 수 있는 그런 밤이 아니라 아이를 들쳐 업고 응급실로 향하는 위급한 밤이었다.

한번은 새벽으로 향하는 칠흑 같은 밤에 또다시 아이의 고열로 발을 동동 굴리고 있었다. 그 이전까지 집에서 물수건으로 온몸을 닦아 주고, 아이스패치를 이마에 붙여 그나마 열을 조금이라도 내리게 온갖 방법을 동원하고 있었다. 이불에는 아이가 약을 먹고 토한 흔적이 곳곳에 널브러져 있었고, 이제 겨우 갓난아기였던 둘째 아이는 "응애응애~" 하면서 보채는 상황이었다. 아마도 2년 터울로 아이를 키워 본 엄마들은 그때 내가 어떠한 심정이었을지 충분히 공감하리라 생각한다.

그 당시 불 꺼진 다른 집들과는 달리 우리 집은 환하게 불이 켜져 있었고, 난 부랴부랴 준비를 한 뒤 둘째 아이를 등에 업고, 남편은 첫째 아이를 품에 안고 병원 응급실로 향했다. 지금 생각해 보면, 남편도 직장 생활 하느라 몹시 힘들었을 텐데 굳이 내색하지 않고, 열심히 아이들을 돌봐 준 것 같다. 그런데 문제는 그런 아빠의 노력과 수고를 지금 훌쩍 자란 아이들은 잘 모른다는 사실이다. 참 안타까운 일이 아닐 수 없다. 아무도 알아주지 않는 외로운 자리, 그게 바로 아빠들이다.

여하튼 응급실로 향했던 그때 그 기억들. 아이의 고통을 온몸으로 느껴야 했던 우리 부부, 펄펄 끓는 아이를 품에 안고 뛰었던 남편, 축 처져 있는 아이의 손을 꼭 잡고 기도했던 나. 그리고 내 등 뒤에서 아무것도 모른 채 덩달아 다급했던 둘째 갓난아기. 그렇게 우리 네 식구는 가족이란 한 배를 탔기에 기쁠 때나 힘들 때나 늘 함께 하는 것이다.

"한집에 살고 있는 가족이라는 구성원! 한 해 한 해 나이가 들수록 가족들의 관계가 참 중요하다는 생각이 든다. 그래서 '그동안 어떻게 살아왔느냐?'에 대한 질문을 끊임없이 나 스스로에게 던지곤 했다. 가장 가까운 가족이기에 함부로 할 수 있는 건 분명 아닐 텐데, 대부분의 사람들은 그걸 잊고 살아가는 것 같다. 그리고 그런 사랑하는 가족이 내 곁을 떠날 때, 그때 비로소 감당할 수 없는 후회가 밀려오곤 한다. ♩~있을 때 잘해 후회하지 말고~♬라는 가사의 어떤 가요처럼."

3-7 아이의 안정감을 위해 물 위에 뜬 백조가 되다

아름다운 자연을 배경으로 펼쳐진 잔잔한 호수, 그 호수 안에 여유롭게 떠 있는 백조의 모습. 우리는 흔히 여행을 가서든, 공원에 가서든 동물원에 가서든 이러한 광경을 제법 많이 봐 왔다. 나 또한 이 같은 백조의 모습을 보면서 삶의 여유를 찾기도 하고, 때론 그 편안한 모습에 마음의 위안을 얻기도 했다. 그런데 따지고 보면 백조가 떠 있는 물밑 발을 보지 않아서 그런 것일 게다. 그 물밑 세상은 부지런히 발을 놀리는, 물 위의 여유로운 백조의 모습과 완전히 상반되는 광경이 펼쳐지고 있지 않은가! 빠져 죽지 않기 위해서 부지런히 발을 움직이는 백조의 모습, 그것은 인간 세상과 별 다를 바가 없다.

무슨 일이든 간에 여유를 찾으려면 그 이면의 부지런함은 필수인 것 같다. 그렇다고 여유와 게으름을 같은 맥락으로 보면 안 된다. 나도 어렸을 때는 여유와 게으름을 잘 구분하지 못했다. 예를 들어 고등학교 때 공부를 무척 잘하는 친구가 있었다. 그런데 그 친구는 학교에서는 딱히 공부를 열심히 하는 모습이 잘 드러나지 않았다. 그 친구를 볼 때마다 오히려 노는 모습과 장난하는 모습만 보였다. 그래서 그 당시 난 '저 친구는 볼 때마다 놀기만 하는데 왜 이렇게 공부를 잘하지?' 하며 몹시 의아해했다.

"OO아, 저애는 맨날 노는 것 같은데, 왜 이렇게 공부를 잘하는 거야? 시험만 봤다 하면 거의 100점이니 말이야."

"나도 잘 모르겠어. 아무튼 너무 부러워."

"사실 나도 그래. 죽도록 공부해 봤자 100점 맞기가 어디 쉽냐고."

"애들아, 너희들 그거 모르는구나. 저 아이는 수업 시간에 눈이 초롱초롱해. 그리고 전혀 딴짓 안 해. 우리가 볼 때는 그저 놀기만 하는 것처럼 보이지만 수업 시간에 보면 집중하는 모습이 남달라. 게다가 집에서도 열심히 하니까 성적이 좋을 수밖에 없지."

"그래, 네 말이 맞다."

반면 또 이런 친구도 있었다. 중학교 시절, 늘 자리에 앉아서 공부만 하는 아이가 있었다. 언젠가 그 아이 뒤에 앉았는데, 정말 책이 너덜너덜해질 정도로 많이 닳아 있었다. 아마도 밑줄을 긋고 또 그으면서 열심히 공부를 했던 모양이다. 그런데 성적은 거의 하위권 수준이었다. 그러다 보니 아이들은 안쓰럽다는 말을 자주 하곤 했다. 지금 생각해 보면 그 두 친구의 차이점을 발견할 수 있다. 전자는 겉으로 보이는 모습이 게을러 보였을지라도 그 이면에는 부지런함이 있었고, 후자는 겉으로 보이는 모습이 부지런하게 보였을지라도 그 이면에는 게으름이 있었던 것이다. 그리고 전자의 게으른 모습은 아이러니하게도 여유 있는 모습이었다.

아이들을 키우는 과정에서도 엄마가 부지런하지 않으면 아이들은 금세 티가 나기 마련이다. 첫째 아이는 내가 해준 만큼 그대로 나타났다. 공부 실력, 외모, 옷매무새, 습관, 인성, 가정 환경, 건강, 그 밖의 모든 실력 등등 내가 제대로 관심을 써주지 못하거나 발 빠르게 움직여 주지 못했을 때는 고스란히 아이에게 나타나곤 했다.

내가 둘째 아이를 낳으러 가던 날이었다. 그때도 첫째 아이를 낳았던 산부인과와 그 병원 내에 있는 산후조리원을 예약해 두었다. 기간은 총 2주였다. 그래서 미리 첫째 아이를 맡아줄 시어머니께 데려다 주고 왔다. 그리고 둘째 아이를 낳은 지 이틀 째, 첫째 아이가 병원에 왔다. 그런데 이게 웬일인가! 그 뽀얗고 예쁜 얼굴에 뭔가가 잔뜩 나 있었고, 입술에도 염증이 나 있었다. 순간 아이에게 너무 미안해서 코끝이 시큰했다. 첫째 아이는 엄마인 나와 떨어져 있었던 게 처음이었고, 이로 인해 마음고생을 심하게 한 것 같았다. 그래서 그 이후로 다시는 아이와 떨어져 있지 않겠다고 다짐했다.

그리고 아이가 유치원을 갈 때든 초등학교를 갈 때든 항상 머리를 매만져 주었다. 머리를 양쪽으로 갈라서 묶은 다음 리본 끈으로 예쁘게 마무리를 해주고, 앞머리는 흘러내리지 않도록 예쁜 핀으로 깔끔하게 고정시켜 주었다. 하지만 아직 어린 아이인지라 머리가 산발이 된 채 집으로 돌아오곤 했다. 물론 아이가 나랑 같이 있을 때는 수시로 머리를 매만져 주었기 때문에 단정한 모습을 그대로 유지할 수 있었다. 옷매무새도 마찬가지였다. 내가 조금이라도 신경을 쓰지 않으면 제아무리 예쁜 옷도 금세 추레해졌기 때문에 아이를 볼 때마다 항상 발 빠르게 옷매무새, 머리 스타일 등에 신경을 썼다.

아이의 건강 문제에 있어서도 나의 부지런함이 큰 몫을 했다. 가끔 몸이 아파서 아이에게 신경을 못 써 줄 때는 아이도 곧 따라서 아팠다. 반면 아이가 아팠을 때 정성 들여 간호를 해주고, 몸에 좋은 음식을 만들어 먹이면 금세 회복되는 경우가 있는데, 이는 곧 엄마의 부지런함과 연결이 되는 부분이다. 그 밖에도 아이의 실력은 엄마가 끊임없이 정보를 제공해 주고, 지원을 해주고, 옆에서 꾸준히 봐준 경우엔 그렇지 않은 경우보다 실력 차가 월등히 높았다.

그러니까 한마디로 아이의 빛나는 모습 그 이면에는 엄마의 부지런함이 있기에 가능한 일이다. 사실 아이가 사춘기 때는 엄마가 아무리 발 빠르게 움직이고, 부지런해지고 싶어도 그런 엄마를 거부하기 때문에 아이는 자꾸만 물밑으로 빠져드는 것이다. 그래서 첫째 아이의 경우에도 사춘기가 가장 심하게 왔던 중학교 1학년 때 성적이 제일 좋지 않았다. 그때는 나도 정신적으로 너무 힘들었고, 아무런 의욕도 없었기에 아이의 성적에 고스란히 반영된 것이다.

잔잔한 호수 위에 떠 있는 백조, 그 백조가 아름답고도 여유로운 자태를 유지하기 위해서 그 물밑에서는 얼마나 많은 발놀림을 해야 하는지 내가 인생을 살아가면서 터득한 커다란 지혜이다.

"여유로움의 이면에는 부지런함이 있고, 초조함의 이면에는 게으름이 있다. 이러한 삶의 철학적인 부분을 아이들에게 인식시켜 주고자 끊임없이 노력하지만 그건 스스로 경험하지 않은 이상 깨닫기 힘든 부분이다. 특히 아이들에게 말로 설명하는 것은 그야말로 '쇠귀에 경 읽기'다. 내 경우에는 아이가 고등학교를 앞두고 있는 시점에서 이 같은 철학적인 부분을 깨닫기 시작했다."

3-8 갓난아기를 안고 문화센터에 가는 엄마들

배 속에서 꿈틀꿈틀 아기가 움직이고 있었다. 뭘 알아듣기라도 해서 머리를 끄덕거린 건지……. 한창 독서 토론 수업이 진행되고 있는 상황에서 난 마치 배 속에 있는 아이한테까지도 수업 내용이 전달됐나 싶어 왠지 뿌듯함을 느꼈다. 결혼을 한 후 그동안 몸담았던 작가 생활을 잠시 접고, 아이를 낳은 후 내가 할 수 있는 게 과연 무엇인지 생각해 보았다. 그 결과 내 아이를 내가 가르칠 수 있는 독서토론논술이 '딱'이라는 판단이 섰다. 그래서 첫째 아이를 임신하고 독서지도사 자격증을 따기 위해 수업을 듣고 있는 중이었다.

사실 겸사겸사 배 속에 있는 아기한테도 이 수업이 영향을 미치지 않을까 하는 기대감이 있었다. 그 당시 아기를 임신한 많은 엄마들이 '태교 교육'이라고 해서 엄마가 보고 듣고 생각하는 것이

태아에게까지 고스란히 전달된다는 정보를 찰떡같이 믿고 있었다. 그중 나도 딱히 확신은 없었지만 그 흐름에 덩달아 편승을 하고 있었다. 그렇게 배 속의 아기와 난 열심히 독서토론 수업을 받으러 다녔고, 드디어 독서지도사 자격증을 따냈다. 그러니까 내 배 속의 아기도 동시에 자격증을 딴 것이다. 지금 생각해 보면 참 웃긴다.

그리고 시간이 흘러 아이가 유치원에 다닐 때, 아파트 내 몇몇 젊은 엄마들이 아기 띠에 아기를 안고 어딘가 가려는 듯 마트 앞에 모여 있었다.

"어머! 아기가 많이 컸네요. 지금 생후 몇 개월이에요?"

"아, 안녕하세요. 12개월 됐어요."

"정말 예쁘게 생겼네요. 공주님이죠?"

"아니, 아들이에요."

"앗! 그래요? 그런데 정말 예쁘게 생겼네요."

"남들도 다 그러더라고요."

"아이고! 아기들이 다 그만그만하네요."

"네, 아직 다들 1년이 채 안 됐어요."

"그런데, 다들 어딜 가시나 봐요?"

"네, 문화센터에 가려고요."

"아하! 그래서 이렇게 모여 있었군요. 그럼, 잘 다녀와요."

첫째 아이가 배 속 세상에서 인간 세상으로 나온 지 6년이 되어 가는 그 당시에도 여전히 엄마들은 이제 겨우 갓 태어난 아기들과 함께 조기 교육의 장으로 향하고 있었다. 주변 지인의 말을 들어 보면 너무 유난스럽다는 사람들과 그래도 효과가 있다는 사람들 두 의견으로 갈린다. 솔직히 돌이켜 보건대, 태교 영어니 조기 영어니 하는 것이 효과가 있는지는 잘 모르겠다. 난 예전 독서토론 교육을 받을 때만 아기가 배 속에 있었을 뿐 그 이후로는 아무 생각이 없었다. 사실 아이가 초등학교, 중학교를 거쳐 오면서 만난 엄마들을 통해 이런 얘기를 들을 수 있었다. 일찌감치 태교 영어를 시킨 아이, 조기 영어를 시킨 아이, 영어 유치원에 보낸 아이, 그리고 초등학교 입학과 동시에 영어를 시킨 아이 등 네 부류를 놓고 봤을 때 먼 훗날 결과적으로는 큰 차이가 없다는 것이다. 다만 중학교 이후부터는 아이의 의지에 따라서 능력의 차이가 나타난다.

대부분의 아이들이 '학교 갔다 학원 갔다'를 반복하면서 하루하루를 버텨내고 있다. 옆에서 지켜보는 엄마 입장에서도 숨이 '턱' 하고 막힐 지경이다. 그렇다고 남들 다 보내는 학원 내 아이만 안 보낼 수 없는 입장이다. 중학교 이후부터는 뒤처지는 순간 따라잡을 수 없는 지경에까지 이르는 게 지금의 교육이다. 그러니 적어도 초등학교 이전까지는 아이가 좋아하는 것 위주로 함께 하면서 유대 관계를 형성해 놓는 게 좋을 듯싶다.

내 집이 이 세상에서 가장 따뜻한 보금자리라는

인상을 어린이에게 줄 수 있는 어버이는 훌륭한 부모이다.

어린이가 자기 집을 따뜻한 곳으로 알지 못한다면

그것은 부모의 잘못이며, 부모로서 부족함이 있다는 증거이다.

- 워싱턴 어빙 -

방 안에서 자기 아이들을 위해 전기 기차를 매만지며

삼십 분 이상을 허비할 수 있는 남자는 어떤 남자이든

사실상 약한 인간이 아니다.

- 스트라비스키 -

"지금에 와서 돌이켜 보건대, 유년 시절의 어린아이들에게는 학습적인 것보다는 부모와의 정서적 유대감이 가장 중요하다. 사실 그런 애착 관계가 훗날 아이에게 정서적인 안정감을 주어 공부하는 힘으로 나타나기도 한다. 어린 시절부터 수준에 맞지 않는 학습을 강요하면 결국 아이에게 과부하가 걸려 정작 공부할 시기에 포기하는 경우가 생긴다. 그리고 그 과정에서 부모와 자식 간의 관계는 완전히 틀어지게 마련이다."

3-9 나는 어떤 부류의 엄마인가?

“There was so mush noise that Houndsley could not hear what Wagster was saying now. 하운슬리는 소음이 너무 심해서 웩스털이 지금 말하는 것을 들을 수 없었다. But he could tell by the way Catina tilted her head and laughed that she found Cousin Wagster charming. 하지만 그는 카티나가 그녀의 머리를 기울이고 웃는 걸 보고서 사촌 웩스털의 매력을 발견했다는 것을 알 수 있었다.”

“저기 맨 밑에 문장에서 ‘that’의 용법은 목적격 that인가요?”
“그렇죠.”
“문장이 너무 길어서 해석하기가 좀 난해하긴 하더라고요.”
“이 교재, 난이도가 꽤 있는 편이에요.”

"나도 해석하는데 어렵더라고요."

"그럼, 맨 위의 문장에서 'so~that'은 '너무 ~해서 ~할 수 없다'라는 뜻인가요?"

"네, 맞아요."

"아하! 그렇구나. 그래서 '하운슬리는 소음이 너무 심해서 웩스털이 지금 말하고 있었던 것을 들을 수 없었다.'로 해석이 되는 거겠죠."

나는 1주일에 한 번 영어스터디에 간다. 마음 맞는 엄마들과 비록 짧은 시간이지만 즐겁게 영어 스터디를 하고 더불어 맛있는 밥도 먹고 온다. 항상 영어스터디 멤버들이 강조하는 것은 밥이다. 그러니까 영어를 열심히 하고자 하는 것보다는 밥 먹는 재미가 더 큰 것이다. 게다가 스트레스 해소용 폭풍수다는 덤이다. 사실 첫째 아이의 사춘기로 인해 돌파구를 찾다가 합창과 동시에 영어스터디도 함께 하게 되었다. 그래서 지금 3년 가까이 이어지고 있는데, 가랑비에 옷 젖듯 영어 실력도 서서히 늘고 있다.

그리고 1주일에 한 번 OO초등학교 어머니 합창단에 간다. 합창을 하기 전에는 노래방에서 인기 가요를 부르는 게 전부였다. 그런데 합창을 하고부터는 주로 가곡을 부르는데, 가사와 곡이 이렇듯 내 마음에 잔잔한 감동을 불러일으킬지 몰랐다. 게다가 합창 멤버들이 다들 음악으로 모인 사람들이어서 그런지 마음 또한 여유롭고 따뜻했다. 여하튼 아름답고 잔잔한 노래를 부르고 있노라면 그동안 쌓였던 미움, 분노 같은 악감정이 싹 씻겨 내려가는 듯 편안해졌다.

박인걸 작사/이현철 작곡의 〈그 해 여름밤〉이다.

♪쏟아지는 별빛을 물결에 싣고 밤새도록 지줄 대며 흐른 시냇물아 반딧불이 깜박이던 한 여름 밤 불협화음에도 정겹던 풀벌레 노래 소나무 숲 방금 지나온 바람 가슴 닦아내는 고마운 손~♬

아이에 대한 순수한 사랑이 어느 순간 집착으로 변해 가고, 그 집착이 과도한 욕심을 낳아 결국 내 마음이 썩어 문드러질 때 나는 진정한 나를 찾아갔다. 노래를 부르면서 내 마음을 비워 나갔고, 영어를 하면서 스스로를 개발해 나갔다. 그러면서 아이 육아와 교육까지 병행했다. 일단 나를 찾아가는 과정 속에서 아이와 관련된 문제가 발생할 경우 예전과 달리 상처가 덜했다. 아마도 아이를 향한 과도한 사랑이 나를 향한 사랑으로도 분산되었기 때문이리라.

사실 결혼 전까지만 해도 나는 나를 무척 사랑했다. 왜냐하면 내가 목표한 바를 항상 이루어 나갔고, 약속에 대해선 미생지신까지는 아니더라도 철저하게 지켜나갔으며 다른 사람들에게 상처를 준다거나 피해를 입힌 일도 거의 없었기 때문이다. 아니, 솔직히 내 엄마한테는 많은 상처를 줬던 것 같다. 그래서 지금 이 자리를 빌려 하늘에 계신 엄마께 진심으로 죄송하다는 말씀을 전하고 싶다. 여하튼 최선을 다해 열심히 살아온 나 자신을 믿었고, 그 믿음은 나 스스로를 사랑하는 자존감으로 발전해 나갔다.

그런데 결혼을 하고, 내 아이를 갖는 순간부터 얘기는 달라졌다. '나'라는 존재는 사라지고, 'OO 엄마'라는 호칭으로 살다 보니 이 세상의 주인공은 바로 아이가 되었고, 엄마인 나는 그 주인공 옆에서 뒷바라지를 해주는 그야말로 매니저 역할을 하게 되었다. 그래서 아이의 그림자로만 살아왔던 난 더욱더 아이에게 집착하게 되었고, 결국 그 집착은 아이가 등을 돌리는 무서운 사춘기로 나타났던 것이다. 그리고 시간이 흘러서 지금은 아이의 사춘기도 거의 사라지고, 나는 나름대로 나의 삶을 즐기는 두 아이의 엄마가 되었다.

공부는 아이가 하는 것이지 절대로 엄마의 힘으로 이끄는 게 아니다. 다만 아이가 어떤 계기가 되어서 공부할 의지가 생기면 다행이지만 혹여 그렇지 않더라도 부모로서 어떻게 할 방법이 없다. 그냥 옆에서 묵묵히 기다려 주는 수밖에.

"엄마, 엑소의 시우민인데, 너무 예쁘지 않아요?"

"어디 보자. 와우! 정말 예쁘게 나왔네. 딱 기생오라비와 같다니까."

"시우민은 정말 연예인치고, 자기 관리가 철저한 것 같아요. 언젠가 방송에 한 번 나온 적이 있었는데, 본인 주변을 깨끗이 청소하더라고요. 매우 깔끔한 것 같았어요."

"딱 엄마네."

"엄마, 또 시작이야."

"이제 다 왔다. 잘 다녀오고, 나중에 보자."

"네."

오늘도 난 어김없이 아이를 옆에 태우고, 신나게 엑소 얘기를 하면서 학원에 데려다 주는 길이다. 매일같이 아이를 학원에 실어나르다 보니 이제는 베스트드라이버가 다 되어버렸다. 물론 우리 동네에서만 말이다.

사실 길면 길고 짧으면 짧을 수 있는 우리네 인생에서 내 아이와 함께 공감할 수 있는 시간이 얼마나 될까 싶다. 비록 아이가 어려서 대화가 통하지 않고, 답답할지언정 '엄마'라는 존재 안에는 지금까지 살아온 삶의 깊이만큼 수많은 경험을 통한 지혜의 보물이 숨어 있기에 어느 순간 바닥을 치고 올라오는 희망도 만들어낼 수 있는 것이다.

"나를 사랑한다는 것! 아이를 사랑하기에 앞서 가장 먼저 사랑해야 할 존재는 나 자신이다. 나를 사랑하는 마음 없이는 내 아이를 향한 사랑도 결국 집착이 될 수밖에 없다. 왜냐하면 진정한 사랑은 나를 사랑하는 마음으로부터 차고 넘쳐난 사랑이 다른 사람에게로 흘러들어갈 수 있기 때문이다. 따라서 부모들은 아이들을 향한 사랑이 애착인지 집착인지 깨달을 필요성이 있다."

PART 4

내 엄마에게서 깨우친 사춘기 대처 방법

4-1 나에게 명령하지 않았던 엄마

정말 창피했다. 엄마가 나에게 존댓말이라도 사용하면 말이다. 나는 자라오면서 그런 엄마를 도저히 이해할 수가 없었다. 왜 자식들한테 존댓말을 사용하는지. 설사 누군가가 듣기라도 한다면 창피해서 어딘가로 당장 숨고 싶은 심정이었다. 엄마는 자식들에게 존댓말을 사용하고, 반대로 자식들은 엄마에게 예사말을 사용하는 우스꽝스러운 광경이 우리 집에서 펼쳐지고 있었다.

"OO아, 옷은 제 자리에 걸어 놔야죠."

"에이, 귀찮아. 알았어."

"오늘 학교에서는 별일 없었나요?"

"아무 일도 없었지 뭐~. 그나저나 엄마, 제발 나한테 존댓말 좀 사용 안 하면 안 돼? 창피해 죽겠어."

"내가 너희들을 존중해 주는 의미에서 존댓말을 쓰는 거란다."

"우리 집에 오는 친구들한테 창피하단 말이야. 엄마가 돼 가지고 우리들한테 존댓말이나 쓰고……."

"별 게 다 창피하구나."

지금 생각해 보면, 나의 엄마는 자식들에게 거의, 아니 단 한 번도 욕을 안 한 것 같다. 지금 내가 아이들을 키우는 엄마 입장에서 볼 때 도저히 불가능한 일을 나의 엄마는 했던 것이다. 아이들을 키우다 보면 사실 별의별 일을 다 겪게 마련이다. 물론 예쁜 짓 할 때도 많지만 나 같은 경우엔 미운 짓 했을 때가 더 기억에 생생하다. 예를 들어 아이가 갓난 아기였을 때는 밤에 잠 안 자고 칭얼거리는가 하면 이불에다가 오줌도 싸 놓고, 기저귀 잠깐 안 채운 사이에 설사 똥을 여기저기에 싸 놓기도 했다.

그리고 좀 더 자라서 아이가 유아 시절 때는 그토록 신신당부를 하며 주의를 주었건만 수시로 주스나 물을 옷이나 바닥에 엎지르기도 하고, 나아가 빨기 힘든 이불에다가도 하루 걸러 엎지르는 대참사가 벌어졌다. 학습적인 부분에 있어서는 무언가를 가르쳐 줬는데 몇 번을 얘기해도 못 알아듣는 경우가 꽤 있었다. 또한 초등학교 시절에는 몸도 커지면서 말 안 듣는 수준이 유아 때와는 차원이 달랐다. 물론 공부는 별 반항 없이 잘 따라와 줬지만 친구 문제나 습관적인 부분에 있어서는 매번 나의 속을 뒤집어 놓기 일

쓰였다. 게다가 아이가 중학교 사춘기 시절에는 말을 안 듣는 정도가 아니라 눈을 내리깔고 부모를 아예 무시하는 상황으로까지 치달았다. 그러한 과정 속에서 어떻게 욕이 안 나올 수가 있겠는가! 아마도 평생 쓸 욕을 아이가 사춘기 때 다 써버린 것 같은 느낌이다. 그런데 나의 엄마는 자식 셋을 키우면서 어떻게 욕 한 번 안 하고, 그것도 자식들에게 존댓말까지 쓸 수 있었는지 지금 생각해봐도 참 아이러니한 일이다.

엄마가 크게 화를 낸 적은 한 번 있었다. 언젠가, 그러니까 우리 삼형제가 초등학교, 중학교 시절쯤이었을 게다. 중학생 사춘기 언니가 한 명 낀 우리 삼형제는 무슨 문제였는지는 잘 모르겠지만 크게 한바탕 싸우고 있었다. 그때 엄마가 부엌에서 싸우지 말라고 얘기를 했고, 계속 멈추지 않자 몇 차례 더 경고를 했다. 그럼에도 불구하고 계속해서 더 큰 싸움으로 번지니까 결국 화가 머리끝까지 난 엄마는 연탄집게를 들고 우리에게 달려왔다. 아마도 그 당시 엄마는 아궁이 속 연탄을 갈려다가 이 같은 상황에서 뛰쳐나온 것 같다.

그리고 내 기억 속의 엄마는 더 이상의 '화'라는 걸 내지 않았다. 지금도 생생하게 기억난다. 추운 겨울, 김장철이 다가오자 엄마는 배추 50포기를 사다가 절인 다음 깨끗이 헹궈 물기를 싹 빼고 안방에 차곡차곡 쌓아 놨다. 방안 이곳저곳에는 각종 야채가 널브러져 있었고, 갖은 양념에 고춧가루, 젓갈 등도 놓여 있었다. 엄마는 갈라지고 부르튼 손으로 배추 속에 넣을 무를 힘겹게 채 썰고 있었다. 그런데 우리 형제들은 김장은 당연히 엄마가 하는 걸로만 알고 있었기에 전혀 도와주지 않았다.

지금 생각해 보면 정말이지 어마어마한 분량의 김장을 오롯이 엄마 혼자 하고 있었던 것이다. 그 당시 엄마는 자식들에게 뭘 해 달라고 명령하지도 않았고, 담근 김치를 쭉 찢어 깨소금을 묻힌 다음 우리 입에다가 쏙 넣어주며 행복해했던 기억만 난다. 눈물이 난다. 그 당시 엄마의 고단했던 삶을 생각하니. 다시 그 시절로 돌아갈 수만 있다면 난 엄마와 두런두런 이야기하면서 배추도 씻어 주고, 무도 썰어 주고, 마지막 설거지까지 말끔히 다 해주고 싶다. 그리고 엄마의 그 갈라진 손, 그 아린 손에 반창고라도 붙여 주면서 '호호' 하고 불어 주고 싶다.

"엄마, 어디 가?"

"가게 좀 갔다 올게."

"뭐 사러?"

"콩나물하고 두부 좀 사려고. 오늘 저녁은 콩나물무침하고, 두부김치찌개 끓여서 먹어야겠구나."

"엄마, 그럼 그거 사고, 맛있는 것 좀 사다 줘."

"그러마."

나의 엄마는 심지어 심부름조차도 자식들에게 시키지 않고, 엄마가 직접 사오곤 했다. 아마도 자식들에게 부담을 주고 싶지 않았던 것 같다. 모르겠다. 심부름을 시키면 우리가 안 하려고 할까봐 아예 말도 꺼내지 않았나 싶기도 하다. 여하튼 그런 엄마가 너무 애틋하고 보고 싶다. 만약, 엄마가 삶이 너무 힘들어 자식들에게 짜증내고, 수시로 명령했다면 과연 엄마를 향한 지금의 내 마음이 어떨는지는 잘 모르겠다.

"내 아이의 엄마가 아닌 내 엄마의 딸 입장에서 보면 엄마는 평생 내 가슴속에서 아름다운 엄마로 남아 있지 않을까 싶다. 그 긴 세월을 살아오면서 사는 게 힘들다고 자식들에게 하소연을 한 적도 없었고, 그렇다고 뭔가를 바란 적도 없었다. 그래서일까? 그냥 그런 엄마의 존재만으로 내 마음은 늘 따뜻했고, 그 무언가로 꽉 채워진 느낌이었다. 그것은 엄마가 꼭 살아 있어서가 아닌 비록 지금은 볼 수도 만질 수도 없는 그 먼 곳에 있어도 느껴지는 한없는 평온함이라고나 할까!"

4-2 내가 정말 하고 싶었던 것을 지원해 줬던 엄마의 용기

드디어 올 게 왔다. 칠흑같이 어두운 밤의 적막을 깨고 우레와 같은 아빠의 고함소리가 들려왔다. 퇴근 후 집에 들어온 아빠는 내 방문을 열었고, 그 순간 집안은 그야말로 초토화가 되어버렸다. 그 당시 아무나 가질 수 없는 피아노가 내 방에 떡 하니 놓여 있었고, 옷이란 옷은 다 꺼내서 그 피아노의 알몸을 감추어 놓았다. 혹시나 아빠한테 들킬까 봐 무서웠기 때문이다. 그런데 아니나 다를까 아빠는 그 옷가지를 다 내팽개치면서 "우리 집에 이런 게 왜 있냐."며 엄마를 향해 온갖 비난을 퍼부었다.

난 어린 마음에 그런 집안 분위기가 너무 무서웠고, 엄마에 대한 죄책감으로 숨소리조차 내지 못하고 있었다. 사실 피아노는 내가 엄마를 몇 달 동안 조르고 졸라서 겨우겨우 얻어낸 나의 최고의 보물이었다. 물론 엄마도 피아노를 너무 좋아했지만 가정 형편이

넉넉지 않았던 터라 엄두도 못 내고 있는 상황이었다. 그런데 그 당시 초등학교 2학년이었던 내가 피아노 학원에 다니고 있었고, 그것만으로는 양에 안 찼는지 피아노를 갖고 싶다고 엄마한테 계속해서 졸랐던 것이다.

지금 생각해 보면, 내가 엄마 입장에서 볼 때 아이가 뭘 사 달라고 계속해서 조를 경우, 그것도 아이가 집요하리만큼 고집스러울 경우, 하루하루가 너무 피곤하고 힘드니까 웬만하면 돈이 좀 들더라도 그냥 사 주는 경우가 많았다. 아마 나의 엄마도 그런 마음이지 않았을까 싶다. 여하튼 엄마는 내가 피아노를 사 달라고 조르기 시작하면서부터 인내를 갖고 매달 생활비에서 조금씩 모아 두었던 것 같다. 그렇게 매일매일 나한테 시달리면서 생활비는 생활비대로 부족했을 텐데, 그 고통을 다 견뎌내고 결국 피아노를 사 준 날, 집안이 온통 초토화가 된 것이다.

아빠가 원망스러웠다. 늘 언니한테는 약사가 되라고 하고, 동생한테는 의사나 검사가 되라고 하고, 나한테는 간호사가 되라고 했다. 솔직히 그 당시 나는 피아노 치는 게 너무 좋았다. 피아노를 치면서 너무 행복했고, 잘 치고 싶은 의지가 넘쳐나고 있었다. 그런 나의 모습을 옆에서 지켜보던 엄마도 내가 피아니스트가 됐으면 하는 바람이 조금은 있었던 것 같다. 그런데 아빠는 무조건 자신의 희망에 자식들을 억지로 끼워 맞추려고 했다.

그렇게 아빠는 피아노를 집으로 들인 날, 밤새도록 엄마와 다

투었다. 그리고 나는 언니와 동생으로부터 나 때문에 엄마가 고통 받는다며 원망의 소리까지 듣게 되었다. 그날 너무 서러운 나머지 난 새벽까지 잠을 이루지 못했고, 언뜻 엄마의 목소리가 방문 틈을 비집고 들어와 내 귀로 희미하게 전달됐다. 그 내용인 즉, 피아노는 아이가 사 달라고 졸라서 어쩔 수 없이 사 준 게 아니라, 자신이 정말 사 주고 싶어서 사 줬다는 얘기였다. 그 순간 난 뜨끔했다. 하지만 모르는 척, 그렇게 그날 밤은 지나가고 있었다. 지금와서 생각해 보니 그 당시 엄마로서는 커다란 용기가 필요했던 부분이었다.

그 당시 아빠의 사업은 여러 가지 문제로 인해 어려움을 겪고 있었고, 이곳저곳에 빚을 지고 있는 위태로운 상황 속에서 엄마는 이러지도 저러지도 못하는 난감한 입장에 봉착해 있었다. 그렇게 엄마는 홀로 수많은 밤을 고뇌하면서 결국 어려운 결정을 했던 것이다. 이후 아빠는 그런 엄마에게 무척 섭섭했는지 부부 싸움을 할 때마다 피아노 얘기를 꺼내곤 했다. 그리고 4년 후, 피아노는 우리 집에서 사라졌다. 아빠의 계속되는 사업 부진으로 인해 피아노를 팔았기 때문이다.

"엄마, 지금 우리 집 많이 힘들어?"
"응, 아빠 사업이 잘 안 되나 봐."
"그럼, 우리 가족 길거리에 나 앉는 거야?"

"에이! 그렇게까지 되겠니. 넌 걱정하지 말고, 네 할 일이나 열심히 하렴."

"엄마, 돈 없으면 그냥 피아노 팔자."

"네가 그렇게 소중하게 생각하는 물건인데, 어떻게 그러니."

"난 괜찮으니까 그냥 팔았으면 좋겠어. 그래야 내 맘이 편할 것 같아."

"……."

"……."

"아무튼 좀 더 생각해 보자꾸나."

그렇게 매일같이 우리 집에 울려 퍼지던 피아노의 아름다운 선율은 어느 순간부터 더 이상 들을 수 없었고, 엄마의 마음 한편에도 아쉬움이 서린 듯 한동안 기운이 없어 보였다. 그리고 시간이 흘러 나는 중학교, 고등학교를 다니면서 또다시 갖고 싶은 것, 하고 싶은 일이 시시때때로 생겨났다. 예를 들어 그 당시 메이커 운동화라든지, 친구들과의 여행이라든지, 콘서트 관람 등등 다소 큰 돈이 들어가는 경우, 엄마한테 얘기를 하면 엄마는 적어도 안 된다고 딱 잘라 떼지는 않았다. 다만 시간을 두고 결국 생활비를 쪼개고 쪼개서 아껴 모은 돈을 나에게 건네주곤 했다.

그때는 몰랐다. 엄마가 우리 자식들에게 건네주던 돈! 엄마가 입고 싶은 것, 먹고 싶은 것, 갖고 싶은 것 다 포기한 채 오로지 우리 자식들을 위해서 아끼고 아껴 둔 소중하고도 값진 사랑이었다는 사실을. 나도 그런 엄마의 큰 사랑을 닮을 수 있을까? 모르겠다. 난 내가 먹고 싶은 것도 먹어야 되고, 내가 입고 싶은 것도 입어야 되고, 내가 갖고 싶은 것도 가져야 된다. 물론 절제 속에서 이루어지는 최소한의 소유이다. 그러니까 난 아이에게 모든 걸 주는 그런 엄마는 아니다. 아이의 행복한 인생을 위해서 어느 정도 지원은 해주겠지만 그렇다고 내 인생을 버린 채 아이한테만 모든 걸 쏟아 붓는 그런 삶은 살고 싶지 않다. 그리고 해준 만큼 대가도 바라지 않을 것이다.

나의 엄마는 자식들에게 모든 걸 주고, 아무것도 바라지 않았다. 그건 인간으로서 도저히 불가능한 범접할 수 없는 용기였다.

"어떤 엄마는 자식에게 이런 말을 했다고 한다. "내가 지금껏 너를 키우는 데 엄청난 투자를 했으니까 너도 커서 일을 하면 엄마한테 용돈으로 한 달에 OO만 원씩 꼭 줘야 한다."라고. 물론 농담 반 진담 반으로 얘기했을 수도 있다. 하지만 아무리 농담이라도 부모와 자식 간에 '키워 준 대가'라는 말은 좀 당황스러웠다. 중요한 건 아이는 태어나고 싶어서 태어난 것도 아니고, 키워 달라고 해서 키워진 것도 아니라는 사실이다. 여하튼 그 말을 들은 아이는 과연 어떤 생각을 했을지 몹시 궁금하다."

4-3 집안에 가득 울려 퍼진 엄마의 노랫소리

♪~코스모스 한들한들 피어있는 길 향기로운 가을 길을 걸어갑니다 기다리는 마음같이 초조하여라 단풍 같은 마음으로 노래합니다~♬

비가 오나 눈이 오나 늘 한결같이 집 안 가득히 전해져 오는 잔잔한 멜로디가 있었다. 그것은 다름 아닌 엄마의 노랫소리였다. 우리 가족은 늘 그런 엄마의 노랫소리를 들으며 생활하는 게 일상이 되어버렸다. 물론 권위적인 아빠가 퇴근해서 들어올 때는 달랐다. 여하튼 나는 매일매일 엄마의 흥얼거리는 노랫소리를 들으며 하교 후 집에 들어오기도 하고, 공부도 하고 놀기도 했다. 그러면서 엄마가 부르는 노래 가사에 들어가 나름 상상의 나래를 펼쳤던 것 같다.

"엄마, 그건 무슨 노래야?"

"응, 김상희 씨의 〈코스모스 피어 있는 길〉이란다."

"노래 매우 좋은데! 마치 내가 코스모스 피어 있는 길을 걸어가는 것 같아."

"엄마도 그런 느낌 때문에 이 노래가 좋더구나."

"그리고 왠지 선선한 가을 느낌도 나고……."

"가을에 들에 가면 활짝 핀 코스모스를 많이 볼 수 있단다. 엄마가 제일 좋아하는 꽃이지."

"나도 꽃 중에서 코스모스가 제일 좋아."

지금도 난 코스모스 꽃을 제일 좋아한다. 왠지 하늘에 계신 엄마랑 많이 닮아 있다는 생각이 든다. 수수하면서도 은은한 향기를 뿜는 코스모스는 그냥 보고만 있어도 편안함을 전해 준다. 언젠가 아이들 둘을 태우고, 남편과 여유롭게 국도를 달리고 있었다. 그때 창문 밖으로 코스모스가 죽 피어 있었는데, 바람에 살랑살랑 흔들리는 코스모스를 보니 나도 모르게 눈물이 났다. 아마도 나의 그리운 엄마 생각이 났던 모양이다.

"와! 코스모스 너무 예쁘다."

"그러게."

"얘들아, 창문 밖에 있는 코스모스 좀 봐봐. 너무 예쁘지 않니?"

"색깔이 여러 가지네요?"

"그럼. 분홍색, 흰색, 노란색, 자주색, 보라색. 그리고 또 무슨 색이 있는지 모르겠네? 아무튼 색깔이 다양해."

"엄마, 바람에 살랑살랑 흔들리니까 더 예쁜 것 같아요."

"……."

"눈물 흘렸어? 왜 눈물은 닦고 그래. 정말 아줌마가 감성도 풍부하셔."

"아냐."

엄마는 아빠의 사업 부진으로 인해서 많이 힘들었을 텐데도 우리 자식들에게 내색하지 않고, 묵묵히 살림을 꾸려나갔다. 그러면서도 스스로의 마음을 다스리려고 했던 것인지 항상 집안 가득히 엄마의 노랫소리가 울려 퍼졌다. 가끔씩 쉰 목소리도 들리긴 했지만 나에게는 그다지 듣기 거북할 정도는 아니었다. 지금은 그 쉰 목소리라도 좋으니 엄마의 노랫소리 한 번 들어보고 싶은 마음 간절하다.

♬나무야 나무야 겨울나무야 눈 쌓인 응달에 외로이 서서 아무도 찾지 않는 추운 겨울을 바람 따라 휘파람만 불고 있구나~♪

엄마는 이 노래도 자주 부르곤 했다. 그때마다 난 이 가사에 들어가 겨울나무와 엄마를 비교했단다. 엄마는 늘 집안일을 혼자 감당하면서 무척 외로웠을 것 같다는 생각을 했다. 누구 한 사람 알아주지 않았던 그 당시 천대받았던 부엌데기, 매끼마다 차려야 하는 밥상, 치우고 또 치워도 금세 어질러지는 집안 구석, 자식들의 온갖 투정, 남편의 잔소리, 어마어마한 분량의 김장, 세탁기 없는 손빨래 등 그 옛날 허술한 가정집에서 생활해야 했던 엄마로서의 고단한 삶이 바로 겨울나무와 비슷하다고 느껴졌다.

지금의 내가 그 당시 엄마의 딸이었다면 한겨울 찬물에 빨래하고 있었던 엄마를 옆에서 많이 도와줬을 텐데, 비록 반찬이 김치 한 가지라도 반찬 투정 안 했을 텐데, 적어도 내 방은 내가 청소했을 텐데, 엄마가 감기로 인해 몸이 무척 아팠을 때 굳이 멀리 떨어진 부엌에 가서 연탄 갈지 않게 내가 갈아 줬을 텐데……. 사람이 참 어리석은 게, 있을 땐 잘 모르다가 없을 때 비로소 그 사람의 빈자리를 깨닫게 된다는 것이다. 그렇게 나의 엄마는 내 기억 속에 아무도 알아주지 않는 궂은일을 홀로 감당해 내면서 그 고단함을 노래로서 풀어나갔던 것 같다.

지금으로부터 5년 전, 병원에 가기 싫다던 엄마는 복수가 찬 상태에서 결국 응급실로 실려와 4일 만에 세상을 떠났다. 그 4일 동안 엄마는 오롯이 혼자 고통을 감내하고 있었다. 옆에 이제 다들 중년이 된 자식들이 와 있는데도 아프다고, 힘들다고, 죽겠다고 말 한마디 없이 그냥 조용히 세상과의 이별을 준비하고 있었던 것이다. 그동안 그 누구에게도 하소연하지 않았고, 그렇다고 그 누군가가 알아주지도 않았던 외로운 삶이었기에…….

이제는 하늘에 계시는 엄마에게 내가 이 노래를 불러주고 싶다.

♪낳실제 괴로움 다 잊으시고 기를제 밤낮으로 애쓰는 마음 진자리 마른자리 갈아 뉘시며 손발이 다 닳도록 고생하시네 하늘 아래 그 무엇이 넓다 하리요 어머님의 희생은 가이없어라~♬

"엄마로서 살아간다는 것! 그 어깨에 짊어진 짐은 가히 그 무게를 상상할 수 없을 정도다. 자식들에 대한 책임을 저버리지 않기 위해, 다시 말해 내가 낳은 자식이기에 하루하루 삶의 무게를 견디어 내면서 자식들 뒷바라지에 최선을 다하는 것이다. 따라서 아이들이 부모로부터 완전한 독립을 하기 전까지 그 삶의 무게에 대한 감각을 다소 둔하게 만들어 줄 수 있는 그 무언가가 분명 필요하다. 그게 노래가 됐든, 종교가 됐든, 취미가 됐든 말이다."

4-4 자연과 깨끗함을 좋아했던 엄마

어릴 적 우리 집 장독대에 올라가면 저만치 보이는 작은 산이 하나 있었다. 마치 거북이처럼 보인다고 해서 '거북산'이라고 이름 지어졌다고 한다. 아마도 그 산은 지금쯤 다 깎이고, 아파트 단지가 들어서지 않았을까 싶다. 여하튼 나의 뇌리 속에는 그 산에서의 아기자기한 추억이 많다. 어릴 적 나의 엄마는 자식들에게 공부하라고 얘기한 적이 거의 없었다. 그렇다고 자식들을 공부 쪽으로 포기한 것도 아니었다. 그냥 아예 공부에 관심이 없었다. 그러다 보니 반대로 아빠가 공부에 대한 집착이 심할 수밖에 없었다.

엄마는 항상 바구니를 옆에 끼고 거북산으로 나물을 캐러 다녔다. 그때마다 나는 엄마 옆에 졸졸 따라다니며 같이 나물을 캐곤 했다. 마치 언덕 같은 조그마한 산이다 보니 올라갈 때도 쉽게 올라가고 내려올 때도 당연히 쉬웠다. 그냥 매일 부담 없이 갈 수 있는 그런 편안한 산이었다. 산 위 풀밭에는 메뚜기, 여치, 사마귀가 폴짝폴짝 뛰어다니고, 나무 밑 습하고 그늘진 곳에는 고사리가 나 있었다. 그리고 앙증맞고 먹음직스러운 빨간 산딸기가 주렁주렁 매달려 있는가 하면 쑥이 넓게 퍼져 있어서 그야말로 온통 먹을거리 천지였다. 엄마는 그 풍요로운 산이 너무 좋았던 것이다.

"엄마, 여기 메뚜기 좀 봐. 그리고 여치도 있어. 난 여치는 좀 징그러워서 못 만지겠어."

"OO아, 엄마 저쪽에서 쑥 좀 캐고 있을 테니까 나중에 그쪽으로 오렴."

"응, 알았어. 나 여기에서 메뚜기랑 여치 좀 보고 갈게. 으악! 엄마, 여기 사마귀도 있나 봐. 나도 그냥 엄마 따라 갈래."

"그래, 같이 쑥이나 캐자꾸나."

"……."

"……."

"엄마, 여기 쑥 좀 봐. 정말 많이 있어."

"그러게. 오늘은 쑥국이나 끓여 먹어야겠다."

엄마는 산도 물론 좋아했지만 늘 쪼들리는 생활비 때문에 산에서 먹을거리를 많이 얻었다. 나는 그 당시 어린 마음에 엄마랑 같이 산에 올라가는 것이 마냥 좋았고, 그냥 엄마 옆에 있는 것만으로도 너무 행복했다. 그렇게 엄마와 난 거북산에 거의 매일 올라가다시피 했고, 그곳에서의 추억이 지금도 내 가슴속 깊이 생생하게 살아 숨 쉬고 있다.

산에서 내려오면 집으로 향하는 길에 큰 도로가 나 있었고, 옆으로는 큰 공터와 몇 채의 집들이 옹기종기 모여 있었다. 그리고 조금 더 내려오면 골목이 하나 있었는데 그 골목 맨 끝집이 우리 집이었다. 엄마는 한 가득 캐온 쑥으로 멸치국물을 우려낸 후 쑥국을 맛있게 끓였다. 지금도 그 맛은 평생 잊을 수 없는 엄마의 손맛으로 기억하고 있다. 그리고 남은 쑥으로는 쑥떡을 해서 그 다음 날 우리들 간식으로 나오곤 했다.

내 기억 속 엄마는 자연을 활용할 줄도 알았고, 자연으로부터 얻은 고마움을 다시 자연에 베풀 줄도 알았다. 그러니까 산에서 각종 먹을거리를 얻었다면 자연에서 핀 꽃이 죽지 않도록 돌봐주기도 하고, 땅에다가 자연에서 얻어 낸 거름을 주기도 하는 등 자연과의 교류를 끊임없이 시도했다. 지금 생각해 보건대, 만약 나의 엄마가 공부나 강요하고, 자연을 사랑하지 않는 엄마였다면 지금 내 마음속에 엄마의 아름다운 향기가 남아 있을까? 하는 생각이 든다. 여하튼 엄마는 들에 핀 꽃 한 송이를 보고도 환하게 미소 짓는 그런 분이었다.

"엄마, 청소 좀 그만할 수 없어?"

"바닥이 끈적끈적하고, 모래 같은 것이 있어서 좀 닦아야 할 것 같아."

"에이! 귀찮아. 그럼 또 자리 비켜 줘야 하잖아."

"얼른 닦고 나갈게."

"내가 보기에는 깨끗한데, 도대체 하루에 청소를 몇 번이나 하는 거야?"

"수시로 더러워지니까 그때그때마다 해야 돼. 아니면 더러운 발로 여기 밟고, 저기 밟고 하면서 이불이고 뭐고 금세 더러워지거든."

"정말로 못 말린다니까."

내가 엄마가 되고 보니 그 당시 엄마의 말이 딱 맞았다. 일단 아이들이 밖에 나갔다 들어오면 모래도 끌고 들어오고, 머리카락, 나뭇잎 등 양말에 붙을 수 있을 만한 각종 잡다한 것을 다 끌고 들어와 집 안 이곳저곳에 나뒹굴곤 했다. 어릴 때는 안 보이던 것들이 왜 지금은 보이는지 이제야 깨달았다. 그것은 바로 책임의 문제였던 것이다. 그러니까 책임을 지는 입장에서는 전체적인 나무가 보이지만 그렇지 않은 경우는 나무의 부분만 보인다는 것이다.

예전에 영화배우 이혜영 씨가 TV에 출연해 얘기했던 게 기억난다. 한동안 일을 안 하고, 집에만 있을 때는 집안의 물건들이 흐트러져 있는 꼴을 못 봤다고 한다. 그래서 수건 한 장이라도 각이 딱

딱 맞게 개었다고 한다. 그러니까 밖에서 일 할 때는 전혀 못 느꼈던 부분이었으리라. 따라서 자신이 절실하면 곧바로 실행하게 되어 있다.

나도 가정 살림에 책임을 지다 보니 어질러지고 정리정돈이 안 되어 있으면 왠지 불안하고 짜증도 났다. 그래서 난 아이들이 보다 편안하고 쾌적한 생활을 할 수 있도록 수시로 청소를 한다. 다만 걸레질은 하루에 딱 한 번이다. 일단 깨끗하게 정리가 잘 되어 있으면 집중하는 데도 큰 도움이 될 수 있고, 안정감이 있어서 가족들이 한결 편안함을 느끼는 듯했다. 만약 지저분한 것을 못 참는다면 엄마 자신이 그냥 즐거운 마음으로 하면 되는 거고, 아이가 때가 될 때까지 기다려 주면 된다. 여하튼 방 청소하라고 아이랑 실랑이를 해본들 아무 소용이 없다. 나 역시 그랬으니까.

"나는 청소를 정말 중요하게 생각한다. 아침에 청소를 하면서 그날 하루 일과가 차분히 정리되고, 혹여 아침부터 아이들로 인해 상처를 받을 경우, 청소를 하면서 내 마음을 달래곤 한다. 그리고 무엇보다도 깨끗한 집을 보면 누구나 다 기분이 좋아지기 때문에 서로 간의 짜증도 덜하다. 실제로 내 경험상, 모임이 있어서 밖에 나갔다가 들어왔는데 집 안이 온통 지저분하게 어질러져 있어서 순간 아이들, 남편에게 화풀이한 적도 많았다."

4-5 자식에 대한 집착이 하나님에게로

빨간 힐에 화려한 연두색 꽃무늬 원피스 그리고 빨간 립스틱을 바른 멋진 아줌마가 저만치서 걸어오고 있었다. 초등학교 정문을 지나 본관 쪽을 향해서. 바로 나의 엄마였다. 내가 초등학교 4학년 때, 엄마는 다른 엄마들하고는 달리 세련되고 멋있었다. 그날 엄마는 학부모 상담을 하러 내 교실 쪽으로 향하고 있었고, 나는 시간 맞춰 엄마를 마중하러 나왔다. 엄마를 보는 순간, 어깨가 으쓱했다. 집에서의 모습과는 달리 내 눈앞에 펼쳐진 엄마의 멋스러움은 내 자신감마저 한껏 끌어올리기에 충분했다.

그 당시 엄마는 내가 학교에서 어떻게 생활하고 있는지, 담임 선생님은 어떤 분인지 몹시 궁금했던 모양이다. 사실 같은 반 친구들과 얘기를 나눠 보니 대부분의 부모님들이 학부모 상담을 못 온다는 얘기였다. 그러고 보면 나의 엄마는 그나마 나한테 관심이 있었던 것 같다. 여하튼 어느 시기까지는 자식들에게 집착하면서 꾸준히 관심을 갖고 챙겨 줬다.

그런데 그런 엄마가 점점 변해 가기 시작했다. 아마도 내가 초등학교 6학년 때부터 그랬던 것 같다. 지금 생각해 보면 그 시점이 권위적인 남편으로 인한 억압과 사춘기를 겪고 있는 자식들에 대한 우울감이 극에 달했을 딱 그 시점에 엄마는 의지할 수 있는 하나님을 찾은 것이다. 엄마가 이상했다. 왠지 엄마의 사랑이 채워지지 않았다. 집안은 예전 어렸을 때의 따뜻함과 편안함이 점점 사라져가고 있었고, 엄마는 그저 먼 곳만 바라보는 것 같았다.

그래서 난 뭔지 모를 공허함과 허전함을 채우기 위해 친구들과 더욱더 친하게 어울렸고, 대신 엄마를 멀리했다. 집에 들어오면 우울해 보이는 엄마가 보기 싫었고, 홧김에 그동안 쌓인 스트레스를 엄마에게 다 풀곤 했다. 그때 엄마는 그냥 묵묵히 다 들어줬다. 모르겠다. 다 들어준 것인지 아니면 딴 생각을 하고 있었던 것인지……. 여하튼 엄마는 교회에 나가는 횟수가 점점 늘기 시작했고, 난 하교 후 텅 빈 집에 들어와야 하는 외로운 날이 늘기 시작했다.

"엄마, 도대체 교회에 왜 이렇게 자주 나가?"

"하나님을 만나면 마음이 편안해지거든."

"맨날 집에 들어오면 아무도 없고……. 엄마, 이제 교회 안 가면 안 돼?"

"하나님이 모든 걸 다 인도하셔."

"엄마는 우리 생각은 하나도 안 하고, 오직 하나님밖에 없어. 맘대로 해, 집안이 어떻게 되든 말든."

"……."

"……."

"오, 주여!"

그렇게 엄마는 하나님을 믿으면서 마음의 평안을 찾아가는 듯했다. 대신 아빠와 우리 자식들은 점점 엄마의 빈자리를 뼈저리게 느낄 수밖에 없었다. 지금 생각해 보면, 같은 엄마 입장으로서 충분히 이해가 간다. 사실 나도 첫째 아이가 심한 사춘기로 방황할 때 당장이라도 짐 싸서 집을 뛰쳐나가고 싶었고, 우울감이 더 깊어질 때는 죽고 싶었다. 그때 나를 잡아준 것은 음악이었고, 엄마는 하나님이었던 것이다.

아마도 대부분의 엄마들이 아이들을 키우면서 어느 순간 극심한 우울감으로 힘든 시기를 보냈거나 아니면 지금 현재 경험을 하고 있거나 아니면 미래에 경험할 수 있다. 그 순간 '나만 이렇게 힘들까?' 하는 생각이 들 수 있는데, 주변 지인들 말을 들어 보니 그 힘든 시기에 하나같이 다 똑같은 마음이었다. '나만 이렇게 힘들까? 다른 사람들은 왜 다들 행복해 보이는 거지?'

"여보세요, 언니 저예요."

"어, 웬일이야?"

"정말이지 아이들 키우는 거 너무 힘들어요. 말도 안 듣고, 남편하고는 대화도 잘 안 통하고……. 나만 이렇게 힘든 건가?"

"다들 힘들어. 말을 안 할 뿐이지. 아무개 엄마처럼 이렇게 솔직하게 얘기하는 엄마들도 있지만, 그냥 조용히 말 안 하고 사는 엄마들도 많아. 그런데 그 속은 모르지."

"언니도 힘들어요?"

"나도 죽고 싶을 때 많았어. 그럴 때마다 마음 맞는 사람들과 수다도 떨고, 자기 개발하면서 지냈지 뭐. 그랬더니 언젠가부터 아이들에 대한 집착이 사라지면서 마음이 편안해지더라고."

"그런데 저는 그게 잘 안 돼요. 하고 싶은 것도 딱히 없고, 엄마들 만나서 얘기하는 것도 별로 재미없고……. 그래서 전 그냥 같은 교회 신도들과 얘기 나누면서 위안을 얻어요."

"그것도 좋은 방법이네. 어떻게 보면 제일 마음 편하게 얘기할 수 있는 사람들이잖아."

지금 생각해 보면, 나의 엄마도 인생의 벼랑 끝에서 겨우 하나님을 붙잡았던 것 같다. 그 당시에는 오직 하나님만 의지하는 엄마가 원망스럽고 미웠지만 오히려 긴 인생을 놓고 봤을 때 너무 잘한 일이라는 생각이 든다. 만약 엄마가 그 힘든 상황에서 의지할 게 아무것도 없었더라면 아마도 남은 인생이 굉장히 불행했으리라 감히 짐작해 본다. 엄마가 세상을 떠나기 전, 어느 정도 의식이 있을 때 난 엄마에게 물었다. "엄마, 하나님 믿지? 아마도 하나님이 엄마를 편안한 곳으로 이끌어 줄 거야. 엄만 그냥 하나님만 생각해. 알았지?" 엄마는 내 말을 알아들었는지 그냥 힘없이 고개만 끄덕였다.

인생을 살아가는 데 있어서 그 무언가를 의지하고, 그로 인해 힘겨운 삶을 이어나갈 수만 있다면 그것이야말로 큰 축복이 아닐 수 없다. 사실 쳇바퀴 도는 일상 속에서 삶이 얼마나 즐겁고, 행복하겠는가! 다만 스스로 의지할 수 있는 그 무언가를 발견하고, 거기에서 소소한 행복을 찾아가는 데 삶의 의미가 있지 않을까 싶다.

"쳇바퀴 도는 늘 똑같은 삶 속에서 나에게 행복을 줄 수 있는, 그래서 하루하루의 삶을 의미 있게 만들어 줄 수 있는 그 무언가가 반드시 필요하다. 그렇지 않으면 하루하루를 살아가는 게 너무도 힘겨울 수 있다. 예컨대 아이만을 바라보는 삶은 서로 간의 고통일 뿐이다. 아이가 어릴 적엔 오직 엄마만 바라보기 때문에 그것만으로도 충분히 행복할 수 있지만 사춘기 때는 엄마가 아닌 친구들에게로 시선을 돌린다. 따라서 그 시기에 엄마는 마냥 우울해하기보다는 뭔가 의미 있는 일을 찾는 게 중요하다."

4-6 내 등을 긁어 주던 엄마의 거칠거칠한 손

'유전자'라는 말을 이런 경우에도 사용할 수 있을까? 엄마가 내 등을 긁어 주면서 자녀를 향한 애정을 느껴왔듯이 지금의 나도 아이의 등을 긁어 주면서 모녀간의 애정을 점점 더 깊게 키워 왔다. 내가 중학교 시절, 딱히 무슨 일로 스트레스를 받았는지는 잘 모르겠지만 항상 엄마한테 등을 긁어 달라고 하면서 그 따뜻함과 시원함에 많은 위안을 받았다. 특히 엄마의 거칠거칠한 손이 나의 간질간질한 피부를 훑고 지나갈 때면 세상의 모든 근심이 싹 사라지는 듯 너무 편안해졌다.

"엄마, 나 등이 너무 가려운데, 등 좀 긁어 줘."
"어디 보자. 어디가 가려운데?"
"오른쪽 위."

"여기?"

"응. 좀 더 세게 좀 긁어 줘. 아이고! 시원해. 거기 조금 밑에도……."

"여기?"

"응. 그런데 엄마 손은 왜 이렇게 거칠거칠해?"

"글쎄다. 하도 물을 많이 만지니까 그러겠지."

"아무튼 엄마 손은 너무 시원해."

지금 생각해 보면 내 손도 엄마의 손을 닮아 유전적인 부분이 강하다. 이상하게도 날씨만 추워졌다 하면 특히 손가락 끝이 갈라져 아린 경우가 많았다. 아무리 보습 로션이나 핸드 크림, 심지어 바셀린을 발라도 금방 유분이 날아가 버리기 때문에 또다시 건조해졌다. 사실 살림을 하다 보면 수시로 물을 만져야 하므로 손을 보호할 수 있는 처지도 아니다. 그래서 당시 엄마의 손도 늘 항상 거칠거칠했던 것 같다.

잘 기억은 나지 않지만 적어도 내가 고등학생 때까지는 우리 집에 세탁기가 없었다. 그래서 엄마는 겨울에도 손을 호호 불어 가며 찬물에 이불이며 옷을 빨았다. 나도 가뭄에 콩 나듯 가끔 엄마를 도와주긴 했지만 그때마다 손이 너무 시려 죽을 것만 같았다. 그렇게 엄마는 늘 물에 손을 대야 하는 일상 속에서 살아왔고, 세월의 흐름 속에서 엄마의 손은 헤질 대로 헤져 마치 메마르고 거칠거칠한 나무껍질처럼 변해 갔다. 그리고 그 나무껍질 같은 손으로 내 등을 시원하게 긁어 줬던 것이다.

지금 이 글을 쓰고 있는 내 마음이 갈기갈기 찢어진다. 내 등이 엄마의 거칠거칠한 손으로 시원할 때 엄마의 뇌에서 느껴지는 쓰라린 고통은 그냥 엄마라는 이유로 인내 속에 묻혀 버린 것이다. 엄마가 세상을 떠나기 전, 거동이 불편했던 엄마를 씻겨 드리고, 손톱, 발톱을 깎아 드리면서 맨 마지막으로 했던 게 엄마의 갈라진 손가락 끝을 약을 바른 후 반창고로 감아 준 일이다. 그 당시 굳은살이 깊이 갈라져 신경을 건드린 탓에 그 아린 정도가 굉장히 심각했을 것이다.

"엄마, 나 등 좀 긁어 주세요."

"엄마, 지금 바쁜데……. 조금 후에 긁어 줄게."

"너무 가려운데. 빨리 좀 긁어 주세요."

"조금만 기다리라고 했지. 정말 손이 많이 간다니까. 귀찮게."

"어딘데?"

"등 전체요."

"……."

"시원하냐?"

"네. 종아리도 좀 긁어 주세요."

"아이고! 힘들어. 종아리 어디?"

"가운데 접히는 곳이요."

“거기는 네가 긁어도 되잖아. 꼭 엄마를 부려 먹으려고 태어난 아이 같다니까.”

“엄마가 긁어 줘야 시원한 것을 어째요.”

요즘도 아이는 매일같이 나에게 긁어 달라고 보챈다. 길게는 20분 넘게 긁어 준 적도 있었다. 그러다 보면 온몸이 욱신거리면서 쑤시기도 한다. 그래도 아이가 시원하고, 편안하다면 그리고 이러한 스킨십을 통해 모녀지간의 애정이 쌓여 간다면 비록 내가 힘이 들더라도 서로 간의 삶에 있어서 커다란 의미가 있지 않을까 싶다. 사실 나도 엄마를 닮아서인지 손이 많이 갈라지는 편이다. 만약 하루 동안 고무장갑을 끼지 않은 채 물을 계속해서 만진다면 아마도 손이 아려서 제대로 된 일상생활을 할 수 없을지도 모른다.

내가 아이의 등을 긁어 주면서 느낀 것은 절대로 엄마가 즐거워서 긁어 주는 게 아니라는 것이다. 그냥 엄마니까, 아이가 좋아하니까, 습관적으로, 아이가 안 긁어 주면 짜증 내니까 긁어 준다. 물론 앞에서도 언급했지만 엄마와 아이와의 정서적 유대감도 크게 작용을 한다. 하지만 손이 아플 때가 많다. 특히 겨울에는 손끝이 자주 갈라져 아이의 등을 긁어 주기가 힘들다. 왜냐하면 긁어 주는 과정에서 갈라진 틈이 더 벌어지기도 하고, 손가락 끝이 닳아서 더욱더 거칠거칠해지기도 한다.

아이는 엄마의 그런 상태를 잘 모른다. 그냥 시원함에 훙얼훙얼 노래까지 부르면서 즐거워한다. 그렇게 나의 엄마도 쉬고 싶은 마음을 뒤로 한 채 내 등을 긁어 주면서 습관적으로, 엄마니까, 내가 좋아하니까 아린 고통을 꾹꾹 참아가며 그 긴 세월을 견뎌냈을 게다. 지금도 생각난다. 마치 나무껍질처럼 거칠거칠했던 엄마의 헤진 손이.

'엄마'라는 존재는 커다란 그릇이다. 가족들의 모든 것을 다 담아낼 수 있는. 다만 그릇에 담긴 것이 넘쳐서 밑으로 내동댕이쳐지지 않도록 엄마는 가족에게도 지혜롭게 선을 그을 줄 알아야 한다. 예를 들면 자신의 몸을 혹사하면서까지 가족들에게 모든 걸 내어 줄 필요는 없다. 아낌없이 주는 나무처럼. 사랑하는 가족들과 오래오래 행복하게 함께할 수 있는 방법은 결코 엄마 한 사람만의 희생은 아니기 때문이다.

"누구에게나 스킨십은 중요하다. 스킨십을 통해 정서적으로 안정이 되고, 서로 교감이 되고, 더 나아가서 세상을 살아가는 이유가 될 수도 있다. 보통 아이들은 엄마의 손길을 무척 그리워한다. 그리고 그 손길은 평생 아이들의 마음을 어루만져 주는 사랑으로 기억된다. 나의 엄마가 내 등을 긁어 주고, 내가 딸아이의 등을 긁어 주면서 느꼈던 정서적 교감, 그것이야말로 말이 필요 없는 진정한 사랑의 표현이었다."

4-7 자식들의 온갖 투정을 품은 엄마의 쓰라린 인내

때론 '엄마'라는 자리가 마치 죄인처럼 느껴졌다. 아마도 대부분의 아이들이 엄마를 만만한 존재로 생각한다는 점에서 비롯된 것일 게다. 그것은 엄마의 사회적 위치하고는 별개다. 그러니까 엄마가 사회적으로 크게 성공을 했어도 자식들한테만은 만만한 존재라는 것이다. 그래서인지 가끔 사회적으로 성공한 여성들의 인터뷰를 들어 보면 자식 키우는 게 가장 어렵다는 말을 하곤 한다.

주변 지인들도 가끔 나에게 이런 말을 건넨다. "아이들이 작가 엄마를 둬서 자랑스러워하지 않아요?" 만약 아이들이 나를 자랑스러워했다면 그동안의 삶이 무척 여유롭고 행복했을 것이다. 하지만 전혀 그렇지 않다. 오히려 난 집에서 가장 무시당하는 하녀다. 온갖 허드렛일에 시중들기, 심지어는 아이들 짜증까지 받아줘야 하는 그야말로 만만한 존재다. 그렇다고 아이들이 엄마인 나를 싫어하는 것은 절대 아니다. 그냥 엄마니까 마음 편하게 막 대하는 것이다. 물론 아이들이 어느 선을 넘어서면 정말 무서우리만큼 변하기도 한다. 그런데 지금은 시기가 시기인 만큼 그냥 웃어 넘기려고 노력한다.

"엄마, 나 늦었는데 양말 어디 있어요?"
"저기 소파 위에 있잖아."
"왜 거기에다가 놔요. 안 보이게."
"그럼, 어디에다가 놓으라고……."
"됐어요."
"에이! 양말에 구멍 났잖아요. 제발 구멍 난 건 버리면 안 돼요?"
"다른 걸로 줄게."
"정말 짜증 나. 엄마 때문에 또 늦었잖아요."
"……."

기분 좋은 아침이기를 바랐건만 기분 나쁜 아침이 되어버린 경우가 많았다. 자식 둘을 키우다 보니 기분 좋은 아침이 되는 경우가 거의 없다. 둘이 번갈아 가면서 투덜대기도 하고, 때론 둘이 함께 짜증을 내는 날도 있었다. 그런 날은 그야말로 오전부터 녹초가 다 되어버렸고, 한동안 멍한 상태에서 아무 일도 손에 잡히지 않았다. 물론 이러한 아침 전쟁은 사춘기를 겪으면서부터다. 여하튼 아이들이 학교에 가고 텅 빈 공간에 나 혼자 남았을 때의 고요함은 사춘기 자녀를 둔 엄마만이 느낄 수 있는 일상의 소소한 행복이다.

그런데 나의 엄마는 이러한 일상의 소소한 행복을 느낄 수나 있었을까! 그 당시 자식 셋을 키우면서 밥하랴 빨래하랴 지금처럼 편리한 가전제품도 없었던 시절이라서 뭐든지 손으로 직접 해야 되는 것이 많았을 텐데……. 지금의 나도 살림을 하다 보니 뒤돌아서면 밥해야 하고, 중간에 간식도 챙겨 줘야 하는 등 직접 만들지 않고 사서 먹여도 하루하루가 눈 코 뜰 새 없이 바쁜데, 엄마는 어떻게 살았을지 마음이 그저 짠하다.

게다가 자식들의 투정과 짜증을 어떻게 감당해 냈을까 싶다. 가뜩이나 엄마는 연탄집게 사건 이후로 매도 거의 든 일이 없었고, 그렇다고 무섭게 혼을 내지도 않았기 때문에 우리 형제들은 엄마가 매우 만만했다. 사실 언니와 동생은 잘 모르겠지만 나는 엄마한테 짜증을 많이 냈다. 그냥 엄마가 만만했다. 마구 화풀이를 해도 다 받아줬고, 뒤끝도 없었다. 솔직히 자식들에게 무시당하는 느낌이 들 때는 분노가 치솟을 만도 한데 엄마는 화도 내지 않고, 그냥 묵묵히 살림만 했다. 그런데 지금 생각해 보니 자식들이 엄마를 화나게 했을 때는 그냥 노래를 부르거나 청소를 하면서 기분 전환을 했던 것 같다.

"엄마는 나한테 관심이나 있어? 내가 제대로 공부를 하고 있는지, 반에서 몇 등이나 하는지……. 제발 엄마한테 공부하라는 말 좀 들어봤으면 좋겠어. 내 인생이 어떻게 되든 엄마는 상관없나 봐. 다른 엄마들은 딸이 공부 안 하면 혼도 내고, 매도 들고 한다는데, 엄마는 도대체 나한테 해주는 게 뭐야? 내 친구 OO이는 엄마가 과외도 시켜 주고, 문제집 풀 때 옆에서 채점도 해주고, 시험 기간에는 옆에서 책 읽고 있다가 그 친구가 잠들 때 같이 잠든다고 하더라고."

"……."

"뭐라고 말 좀 해봐. 정말 엄마 때문에 짜증 나 죽겠어. 맨날 하나님 얘기만 하고, 상추니 고추니 채소만 가꾸고……. 제발 다른 엄마들처럼 자식들 공부에 신경 좀 써. 만약 내 인생 망가지면 다 엄마 탓이니까 그런 줄 알아."

"……."

엄마는 나의 온갖 투정을 그냥 묵묵히 다 받아 줬다. 그 당시에도 대부분의 엄마들은 자식들에게 공부하라며 온갖 잔소리를 퍼부었고, 나는 반대로 엄마한테 왜 공부하라고 안 하냐며 온갖 투정을 부리곤 했다. 그뿐만이 아니었다. 밖에서 기분 나쁜 일이 있었거나 성적이 좋지 않았을 때도 무조건 엄마한테 짜증을 부리고, 그 짜증은 커서도 계속 이어졌다. 일이 너무 힘들다고 짜증 내고, 안 깨워 줬다고 짜증 내고, 먹을 게 없다고 짜증 내고……. 그러니까 엄마의 삶은 온통 자식들의 짜증과 투정으로 얼룩져 있었을 게다. 다만 그 쓰라린 얼룩을 엄마의 큰 사랑과 인내로 품었던 것이다.

'엄마'라는 자리는 아무나 되는 게 아니다. 물론 누구나 아이를 낳으면 엄마가 된다. 하지만 그 과정에서 아이를 갖다 버리는 엄마, 아이를 학대하는 엄마, 아이를 방치하는 엄마, 심지어 아이를 죽이는 엄마도 있다. 진정한 엄마의 자리란 훗날 엄마가 이 세상을 떠났을 때, 자식이 느끼는 엄마에 대한 사무치는 그리움이 아닐까 싶다.

"아이들도 학교나 학원 등 나름 작은 사회생활을 통해 스트레스를 많이 받는다. 따라서 집에 오면 '엄마'라는 커다란 그릇에 모든 걸 다 토해내고 싶은 게 아이들의 마음일 게다. 그런데 사실 엄마도 사람인지라 그 과정에서 상처를 받게 되고, 때론 그런 아이들에게 더 윽박지르며 큰소리를 치기도 한다. 예컨대 아이들에게 있어서 가장 편안하고도 좋은 사람은 바로 엄마이다."

4-8 엄마로서의 고단함을 대물림시키고 싶지 않았던 엄마

흔히들 사춘기 아이로 인해 고통을 겪는 부모들은 아이를 향해 이런 말을 자주 내뱉곤 한다. "너도 너랑 똑같은 아이 낳아서 한번 키워 봐." 아마도 대부분의 부모들이 이 말에 굉장히 공감을 할 거라 생각한다. 사실 나나 남편이나 첫째 아이 사춘기 때도 그랬고, 지금 둘째 아이 사춘기 때도 그렇고 이 같은 얘기를 틈만 나면 했다. 아마도 내 아이가 자라서 자식을 낳으면 언제가 또 이 같은 얘기를 분명히 할 거라는 생각이 든다. 글쎄, 모르겠다. 아마도 이 얘기는 자손 대가 끊어지기 전까지 계속 대물림이 되지 않을까?

"엄마, 나 소개팅 받았는데 사람이 괜찮은 것 같아."

"좋겠구나."

"근데 엄마, 나 이제 나이도 있고 하니 좀 더 만나보다가 괜찮으면 이 사람하고 그냥 결혼할까 봐."

"결혼하지 말아라."

"왜? 엄마는 결혼해서 우리 자식들까지 낳고 살았으면서 왜 나한테는 결혼하지 말라고 해?"

"……."

"……."

"아무튼 난 결혼할 거야."

지금의 남편과 첫 만남이 있고 나서 6개월 후 결혼 이야기가 오갔다. 왠지 믿음이 갔고, 편안했다. 그래서 고민 끝에 결국 엄마한테 얘기를 했는데, 돌아오는 반응은 무척 냉랭했다. 몇 날 며칠을 설득하고 또 설득했지만 엄마의 마음을 움직이는 게 쉽지만은 않았다. 그러던 어느 날, 결혼 예정일은 점점 다가오고……. 아무래도 엄마한테 결혼 날짜를 얘기해야 할 것 같아서 통보 식으로 전했다. 그랬더니 충격을 받았는지 다음 날 아예 현관문을 열어 주지도 않는 것이다. 난 계속해서 벨을 눌러댔고, 너무 지친 나머지 그냥 계단에 멍하니 앉아 있었다.

그리고 한 시간 남짓 지났을까! 엄마가 드디어 문을 열어 줬다. 그 순간 난 너무 화가 나서 엄마를 밀치고 집안으로 들어가 버렸다. 그리고는 내 방으로 들어가 문을 잠근 후 소리 내어 엉엉 울었다. 그렇게 또 몇 시간이 흘렀을까! 깜박 잠이 들었던 모양이다.

다시 문을 열고 나와 보니 엄마가 우울한 듯 그냥 소파에 앉아 있었다. 그때 난 엄마한테 물었다. 왜 결혼하지 말라고 하는지. 그랬더니 자신처럼 힘들지 않게 살기를 바랐는데 같은 길을 걷는 것 같다는 것이었다. 그러니까 결혼 생활이 결코 재미있거나 환상적인 일이 아니라는 것이다.

하지만 그 당시로선 엄마의 말을 도저히 이해할 수가 없었다. 서로에 대한 믿음만 있다면 아무리 어려운 일도 헤쳐 나갈 수 있을 거라 생각했던 것이다. 그런데 역시 결혼은 환상이 아니라는 엄마의 말이 딱 맞아떨어졌다. 결혼 초부터 시댁 문제로 숨이 가빴다. 며느리로서 느껴지는 압박감과 소외감 그리고 왠지 노예 같은 삶. 그동안 전문직에서 내 능력껏 자유롭게 일을 하다가 어떤 형식에 얽매인 결혼 생활은 나를 점점 더 우울감에 빠져들게 만들었다.

그래서였을까? 아이를 빨리 갖고 싶었다. 그래서 친정 엄마한테 얘기를 했더니 아기를 낳지 말라는 것이다. 가뜩이나 즐겁지 않은 결혼 생활이었기에 예쁜 아기라도 낳아서 삶의 변화를 주고 싶었는데……. 그런데 아이들을 낳아서 키워 보니 그 당시 엄마가 왜 아이를 낳지 말라고 했는지 충분히 이해가 갔다. 물론 아이들을 키우면서 무척 행복해하는 부모들도 있을 것이다. 하지만 난 후회했던 적도 많았다. 그냥 엄마로서 감당해야 할 부분이 너무 벅찼다.

"어휴! 나도 아이 하나만 낳길 그랬어. 둘 키우기 너무 힘들어."

"나도 그래."

"난 요즘 OO 엄마가 제일 부럽더라. 아이도 하나인 데다가 말 잘 듣는 딸이니 얼마나 좋아."

"그러게 말이야."

"사실 나는 결혼도 괜히 했다 싶어. 그냥 혼자 자유롭게 살면서 여행도 다니고, 하고 싶은 일도 하고, 먹고 싶은 것도 마음대로 먹으면서 즐겁게 살 것을 왜 이렇게 힘들게 사는지 몰라."

"이제 겨우 한 놈의 사춘기가 끝나가니까 또 한 놈의 사춘기가 기다리더라고. 정말 지친다니까. 난 더 이상 못 버티겠어."

지인들 모임에서 나눈 대화 내용이다. 다들 자식을 낳아서 키우는 게 너무 힘들고 지친단다. 자식이 둘인 엄마들은 아이 둘을 키우는 게 이렇게 힘들 줄 알았으면 차라리 하나만 낳아서 키우는 게 훨씬 낫지 않았을까 하는 아쉬움도 있다고 한다. 그래서 부모들이 자식에게 빨리 결혼하라는 말은 자식이 행복하게 살기를 원하기에 앞서 그동안 힘들었던 자신을 자식을 통해 보상받기 위함이라고 난 생각한다. 다만 여기에서 오해의 소지가 있을 수 있는데, 자식으로부터 물질적 보상이 아닌 자식들을 낳아 키우는 과정에서 부모가 겪었던 고단함을 조금이라도 알아 줬으면 하는 최소한의 정신적 보상이다.

나 또한 부모로서 두 가지의 마음이 있다. 아이가 "나는 결혼 안 할래."라고 말할 때 한편으로는 정말 결혼 안 하고, 자신의 인생을 즐기면서 살았으면 하는 바람도 있지만 또 한편으로는 결혼해서 적어도 시댁 문제로 끌려다니지만 않는다면 자식을 낳아서 부모의 입장도 헤아려 보고, 자식의 입장도 헤아려 볼 줄 아는 그런 성숙한 사람으로 거듭났으면 하는 바람도 있다.

여하튼 나의 엄마는 자식에게 전자의 바람은 있었을지 몰라도 후자의 바람은 전혀 없었던 것 같다. 그저 엄마로서의 고단함을 대물림시키고 싶지 않았던 그 마음 딱 하나였던 것이다. 그런데 난 그 당시 그런 엄마의 마음을 전혀 헤아리지 못했다. 그게 바로 이미 경험한 부모와 경험하지 않은 자식의 엇갈린 운명이 아닐까 싶다.

"자식의 결혼 문제에 대해서 함부로 논하지 말아야 한다. 그것은 분명 자식이 결정해야 할 문제이다. 만약 부모의 압박에 의해서 자식이 선택하지 않은 결혼을 하게 된다면 그 이후의 책임은 아마도 감당할 수 없을 것이다. 사실 성숙하지 않은 대부분의 사람들은 자신이 잘못됐을 때 그것을 남의 탓으로 돌리는 경우가 많다. 그러니 남의 강요로 인해서 잘못된 선택을 했을 때는 과연 그 파장이 어떻겠는가! 따라서 부모는 자식에게 선택권을 주되 그에 따른 책임감도 강조해야 한다."

4-9 이 세상에 없는 엄마가 남기고 간 것들

그 전엔 몰랐다. 엄마가 이 세상을 등지고 저세상으로 떠난 지 5년, 엄마가 내 마음 속 커다란 별이었다는 사실을. 솔직히 엄마가 살아 계셨을 때는 나에게 얼마나 커다란 영향을 준 분인지 잘 몰랐다. 그냥 늘 달려가면 볼 수 있는 엄마였고, 그다지 자식에 대한 집착도 없었던, 게다가 자신만의 고집이 셌던 그런 분이었다. 그래서 불만인 경우도 많이 있었지만 그렇다고 자식들을 피곤하게 하는 그런 엄마는 아니었다.

"여보세요."

"여보세요."

"엄마, 난데 나 오늘 엄마 보러 가도 돼?"

"안 와도 된다."

"엄마도 참! 뭐 먹고 싶은 것 없어?"
"응, 없어."
"알았어. 아무튼 저녁쯤에 갈 테니까 그렇게 알고 있어."
"……."

엄마는 자식들에게 딱히 바라는 것도, 기대하는 것도 없었다. 그냥 스스로 마음의 행복을 찾아가는 그런 분이었다. 그러다 보니 자식 입장에서는 오히려 섭섭할 때가 있었다. 결혼 후 친정 엄마가 너무 생각나서 보러 가려고 하는데, 엄마는 오지 말라고 한다. 엄마가 좋아하는 음식을 사 드리고 싶은데 사 오지 말라고 한다. 그러니까 엄마는 그냥 자식들에게 부담을 주고 싶지 않았던 것이다. 그리고 아무리 부모와 자식 사이라도 서로 얽매이다 보면 결국 부담스러운 관계가 되어버린다는 사실을 이미 깨달은 것이다.

지금 생각해 보면 그런 엄마의 행동이 정말 지혜롭고 합리적이었다는 생각이 든다. 사실 내 주변 지인의 말을 들어보면 친정 엄마로 인해서 힘들어하는 경우가 많이 있다. 이유인 즉, 결혼한 딸에게 하나에서 열까지 너무 많은 것을 의지한다는 것이다. 그러다 보니 딸도 자신의 생활에 제약을 많이 받게 되고, 그 과정에서 엄마에 대한 부담감을 느끼게 된다. 그래서 본의 아니게 친정 엄마를 피하게 되고, 또 친정 엄마는 눈치를 채고 섭섭해하는 악순환이 발생하게 된다. 결국 이 같은 문제는 자식에 대한 집착으로부터 발생되는 것이고, 집착은 곧 인간관계의 문제를 불러일으킨다.

이것은 비단 친정 엄마와 딸의 문제만은 아니다. 모든 인간관계가 다 그렇지만 특히 시어머니와 며느리의 관계에서 더 크게 발생된다. 나도 그랬다. 결혼 초기 며느리를 향한 시어머니의 집착이 너무 강해서 숨이 막힐 정도로 힘이 들었다. 한동안 내 마음을 숨긴 채 가식으로 잘할 수밖에 없었고, 어느 시점이 되자 내 마음이 완전히 지쳐서 잘하고 싶은 마음이 전혀 생기질 않았다. 결국 진정성이 없는 과도한 가식은 오히려 '과유불급'임을 깨닫게 된 것이다.

그런데 내 마음속에서 빛나는 엄마라는 커다란 별은 지금까지 살아오면서 서로 간의 집착으로 인한 고통과 상처를 전혀 심어 주지 않았다. 그냥 엄마는 엄마대로, 나는 나대로 각자의 생활을 하면서 서로 바라는 게 아무것도 없었기에 지금에 와서 너무나도 그립고, 보고 싶은 엄마로 남아 있다. 내가 앞으로의 인생을 살아가면서도 모든 인간관계에 적용시켜야 할 정말 커다란 지혜인 것이다. 집착으로부터 벗어나는 일!

"엄마, 몸은 좀 어때? 배가 점점 더 불러오는데, 병원에 가면 안 돼?"

"괜찮으니까 걱정하지 말아라."
"어떻게 걱정이 안 돼, 복수가 계속 차오르는데."
"……."
"어휴! 엄마 때문에 정말 눈물이 나네. 뭐 먹고 싶은 것은 없어?"
"호박나물이 좀 먹고 싶구나."
"호박나물? 그렇지 않아도 여기 해왔으니까 좀 먹어 봐."
"고맙구나. 네가 애쓴다."
"엄마, 자 여기. 어때, 먹을 만해? 조금만 더 먹어 봐."
"……."

엄마가 응급실로 향하기 이틀 전 나눈 대화 내용이다. 엄마는 내가 만들어 온 호박나물을 조금 입에 대더니 곧바로 고개를 저으며 못 먹겠다고 했다. 그 당시 복수가 너무 차서 위험한 상태라는 게 느껴졌고, 자식들은 이미 이전부터 죽어도 병원에 가기 싫다던 엄마의 뜻을 따르고 있었다. 정말이지 그런 엄마의 모습을 보고 있노라니 그 깊은 슬픔을 도저히 헤아릴 길이 없었다. 눈물이 계속 흘렀다. 엄마 앞에서 소리 내어 울 수 없었기에 울음을 곱씹으며 내 가슴속을 갈기갈기 찢었다. 그리고 이틀 후 엄마는 의식을 잃어 응급실로 실려 왔고, 나흘이 되던 날, 조용히 세상을 떠났다.

그 당시 복수가 많이 차 있어서 제대로 된 검사를 할 수 없었기에 딱히 병명도 알 수가 없었다. 의사는 아마도 위암 말기 정도 되지 않았을까 추측만 할 뿐이었다. 여하튼 엄마는 그토록 견디기 힘든 고통을 혼자 이겨내면서 돌아가시기 전까지 자식들에게 단 한 번도 짜증을 내지 않았다. 오히려 그렇게 아픈 와중에도 음식을 만들어 오거나 씻겨드리러 오면 고맙다는 인사를 계속해서 전했다. 그동안 엄마가 아무 대가 없이 우리 자식들을 키워 준 건 어쩌라고…….

엄마는 자신은 비록 아무 대가 없이 자식들을 키웠을지라도 자식들이 엄마를 위해 무언가를 하려고 하면 그게 그렇게 고맙고 미안했던 것 같다. 그래서일까? 지금 이 시간에도 엄마가 너무 보고 싶고 그립다. 아마도 '엄마'라는 커다란 별은 내가 살아 있는 한 내 가슴속에서 영원히 빛날 것이다.

부모 가슴속에서 별이 되는 자식, 자식 가슴속에서 별이 되는 부모가 된다는 것! 그것은 단지 부모가 자식을 생각하고, 자식이 부모를 생각하는 그런 일반적인 감정이 아닌 아마도 '삶을 어떻게 살아야 할까?'에 대한 해답을 제시해 주는 하나의 철학적 접근일 것이다.

"'아이들에게 있어서 나는 어떤 엄마일까?'라는 질문을 나 스스로에게 던지다 보면 '내가 과연 어떻게 살았나? 그리고 지금은 잘살고 있나?' 하는 지금까지의 삶을 죽 더듬어 보게 된다. 그러면서 나름 후회도 하고, 뿌듯함도 느끼면서 다시금 '하루하루 의미 있게 잘 살아야지.' 하는 의지를 굳히곤 한다. 대부분의 엄마들이 아이들을 키우느라 눈코 뜰 새 없이 바쁘지만 그 와중에 나를 돌아보는 시간을 갖는 것도 참 중요하다."

PART 5

딸아, 너를 통해 엄마도 배운 게 많아

5-1 이제 아이돌 스타 얘기를 먼저 꺼낸다

"요즘 엑소 '레이'는 뭐하고 산다니? 지금 한국에 있어?"

"네. 엑소 멤버들과 함께 있는 걸 보니 소속사에서 뭔가 계획 중인 것 같아요."

"아, 그래."

"근데 전 엑소가 안 뭉쳤으면 좋겠어요."

"왜? 군대 간 시우민이 없어서?"

"그것도 그렇지만……. 그냥요."

"……."

아이가 학교 가기 전, 난 아이의 머리를 빗겨 주면서 주로 엑소의 얘기를 꺼내곤 한다. 가뜩이나 시험을 앞두고 있는 아침이라서 피곤할 수 있기 때문에 가능한 한 아이의 기분을 맞춰 주려고 노력한다. 물론 아이가 좋아하는 엑소 얘기는 그냥 일상이 되어버렸다고 해도 과언이 아니다. 그냥 아이가 하고 싶은 얘기를 들어주는 것만으로도 모녀지간의 애착 관계가 어느 정도 형성되는 것 같았다. 사실 1년 전만 해도 아이가 엑소 얘기만 하면 듣기 싫은 나머지 바로 얘기를 피해버렸다. 그러다 보니 아이와 나눌 수 있는 대화가 한계가 있었고, 결국 모녀지간의 사이도 점점 멀어질 수밖에 없었다.

아이도 역시 나하고의 대화를 점점 더 꺼렸고, 그 옛날 고리타분한, 앞뒤로 꽉꽉 막힌 그런 보수적인 엄마로 치부해 버렸다. 그래서인지 내가 무슨 말만 하면 대화가 전혀 안 통한다는 식으로 무시를 했다. 처음엔 자존심이 너무 상해서 혼도 내보고, 한동안 냉전 상태로 계속 지내보기도 했다. 하지만 몇 번 그런 식으로 해봤자 뾰족한 답이 없었다. 그냥 사이만 계속해서 멀어질 뿐이었다. 그래서 어느 순간, 이건 아니다 싶어 엑소에 관심을 갖기 시작했다.

♬~잊을 수 없을 것 같아 바람이 차가워지면 입김을 불어서 숨결을 만지던 밤 행복한 웃음소리로 포근히 끌어안으며 별빛처럼 빛날 내일을 꿈꾸던 밤 I'll search the universe~♪

"지금 듣고 있는 그 노래는 무슨 노래야?"

"유니버스요."

"이야! 노래 너무 좋은데……."

"이 노래 좋죠?"

"응. 멜로디가 은은하니 괜찮다. 그러고 보면 엑소 노래가 괜찮은 게 참 많아."

"보통 사랑 노래를 들어 보면 남녀 간의 사랑이 전부인데, 엑소의 사랑 노래는 우주를 넘나드는 그런 광범위한 사랑들이 많아요."

"그러게. 그리고 다소 환상적인 노래도 많더구나."

"맞아요. 그래서 제가 엑소 노래를 좋아하잖아요."

"이제 그쪽으로 박사가 다 됐지 뭐~"

사실 첫째 아이는 아이돌 스타를 그냥 맹목적으로 좋아한다기보다는 자신이 진짜 힘들고 외로웠을 때 힘이 되어 주고, 위로가 되어 준, 어떻게 보면 인생의 커다란 의미를 부여해 준 그런 고마운 존재들이라고 생각한다. 돌이켜 보면 나도 학창시절 때, 이선희의 <알고 싶어요>, 이용의 <잊혀진 계절> 등 그 당시 인기 있었던 가수 노래를 들으면서 힘든 시기를 잘 견뎌왔다. 그리고 지금 어머니 합창단에 몸담고 있으면서도 가슴 깊이 느껴지는 게 바로 노래의 힘이다.

아이들도 열심히 공부를 하고 나서 휴식을 취할 때 음악을 듣기도 하고, 반대로 힐링이 되는 음악을 듣고 나서 공부를 하면 훨씬 집중이 잘 된다고 한다. 사실 첫째 아이는 음악을 들으면서 공부

한다. 물론 전 과목을 그렇게 하는 건 아니지만 음악을 들으면서 신나게 공부하는 과목이 몇 개 있다. 가끔 그런 아이의 모습을 보고 있노라면 웃기기도 하고, 걱정이 되기도 한다. 하지만 신나게 노래 부르며 공부하는 아이에게 누가 뭐라고 할 수 있겠는가! 사실 그렇게 공부한 과목의 성적도 나쁘진 않았다.

그리고 요즘엔 엑소 멤버 중 또 한 사람으로 인해 아이가 크게 영향을 받은 부분이 있다. 바로 '레이'라는 중국 아이돌인데, 이 가수를 좋아하다 보니 중국이라는 나라에 관심을 갖게 되고, 덩달아 중국어에도 관심을 가지면서 앞으로의 진로까지도 크게 영향을 미쳤다. 그래서 고등학교 진학을 앞두고 외고 중국어과를 가기 위해 열심히 노력을 했고, 그 결과 OO외고 중국어과에 무난히 합격을 했다. 물론 이러한 가지치기의 진로가 어떤 또 다른 계기를 만나 전혀 다른 방향으로 갈 수도 있겠지만 어찌 됐건 아이가 부모의 강요로 인해서 자신의 진로를 결정한 게 아닌 순수한 자신의 경험을 통해 진로의 계기를 마련한 것에 큰 의미가 있다고 생각한다.

사실 나도 지금 하고 있는 일과 전혀 상관없는 의상학과를 전공했다. 그 당시 언니의 지인이 유명한 디자이너여서 혹시나 하는 마음에 의상학과를 지원했던 게 큰 실수였다. 대학 졸업 후 의상 관련 회사에 들어가 일을 해봤지만 전혀 적성에 맞지 않았고, 결국 내가 정말 원하는 것이 무엇인지 고민 끝에 지금의 내 길을 찾은 것이다. 맨 처음 방송 구성 쪽으로 일을 하다가 잡지사, 신문사 기자로 그리고 출판사 기획에서 결국 책을 쓰는 일을 하게 된 것이다. 다만 결혼 후 아이를 키우면서 할 수 있는 일을 찾다가 독서토론논술교사로 일을 하기도 했지만 결국 다시 돌아온 일은 글쟁이다.

이처럼 세상일이라는 게 딱 정해 놓고 그대로 되는 경우는 드물다. 어떤 일을 하다 보면 거기에서 계속 가지치기를 해나가 결국 나에게 맞는 일을 찾아가게 된다. 그래서 난 앞으로도 아이가 아이돌 말고 또 다른 무언가에 깊이 빠질지라도 딱히 제재하지 않고 그냥 지켜볼 것이다. 그 과정에서 아이에게 어떠한 좋은 영향을 미칠지도 모르고, 설령 악영향을 끼칠지라도 그건 기나긴 인생을 살아가는 데 있어서 돈 주고도 살 수 없는 값진 경험이 아닐까 싶다.

"실수와 실패를 용납하지 않는 완벽한 인생은 정말 생각만 해도 끔찍하다. 무슨 일이 됐든지 간에 수많은 시행착오를 통해 많은 것을 배우고 깨닫곤 하는데, 만약 그렇지 않다면 그 인생은 아마도 뿌리 없는 나무와 같을 것이다. 비바람이 몰아치고, 강한 번개가 내리칠 때 아무 힘없이 쓰러져버리고 마는. 아이를 옆에서 지켜보는 부모는 무척 힘들다. 분명 빠른 길도 있는데, 멀리 돌아가는 아이가 깨닫고 다시 돌아오는 것을 묵묵히 지켜봐야 하기에."

5-2 아이를 믿고 그냥 편안한 집을 만들어 주는 역할

우리에게 집이란 어떤 곳이어야 할까? 나는 이런 집이었으면 싶다. 일단 집 현관문을 열고 안으로 들어오는 순간, 몸의 긴장이 쫙 풀리면서 편안함이 느껴지는 그런 따뜻한 공간. 사실 내가 자라오던 시절만 해도 집이 그런 공간일 수 있었다. 왜냐하면 적어도 학원에 갈 일이 없었기 때문이다. 그래서 하교 후 집에 오면 그냥 무작정 쉬면 됐다. 할 일은 나중에 하더라도 말이다. 하지만 요즘 아이들은 하교 후 바로 학원에 가거나 아니면 집에 잠깐 들렀다가 가야 하는 상황이라서 집이란 곳이 편안히 쉴 수 있는 곳만은 아니다. 글쎄, 내 생각엔 그냥 밤에 잠만 자는 그런 곳일 수도 있겠다는 생각이 든다.

언제부터인가 아이 입장에서 생각해 봤다. 아침 일찍 학교에 갔다가 오후 3시~4시 이후에 집에 오면 배가 무척 고프다. 그래서 간식을 먹은 후, 다 못한 학원 숙제를 한다든지 낮잠을 잔다든지 하고 오후 7시쯤 학원에 간다. 그리고 집에 돌아오면 10시 이후다. 늘 이런 패턴으로 일상이 이루어진다. 솔직히 나라도 숨이 '컥' 하고 막힐 것 같다. 하지만 우리나라 교육 현실이 개천에서 용이 절대로 나올 수 없기 때문에 부모는 마음이 아프지만 아이들을 다그친다. 학원에 가라고.

그래서 난 아이가 집이란 곳이 편안하고 따뜻한 공간으로 느껴질 수 있도록 하교 후 집에 돌아오면 항상 "왔니?" 하면서 따뜻하게 맞아 주었다. 비록 잠시 머물다가 학원에 갈지라도 그 시간에는 항상 집에 있으면서 아이가 벗어 놓은 옷을 정리하든지 간식 등을 챙겨 줬다. 물론 중학생이니까 스스로 할 수 있는 부분도 있겠지만 가능한 한 사춘기 시기만큼은 엄마와 대화를 나누며 함께할 수 있는 그런 따뜻한 분위기를 심어 주고 싶었다. 나도 그 시절, 집에 들어가면 항상 엄마가 있어서 따뜻했다. 비록 표현은 안 했지만.

"너는 집도 안 나가니? 남들은 가출도 잘 하더니만 어떻게 집에만 그렇게 붙어 있어? 제발 좀 나가라고, 서로 얼굴 좀 안 보게."

"싫은데요. 제가 왜 나가요?"

"제발 나 혼자 편하게 한번 있어 보자."

"나도 집이 좋단 말이에요."

"그러시겠지요. 하고 싶은 것 다 하고, 자고 싶은 것 다 자고, 먹고 싶은 것 다 먹고, 집처럼 편한 곳이 없겠지. 그럼, 엄마를 귀찮게나 하지 말든가."

"흥! 내가 뭘 귀찮게 했다고……."

아이가 사춘기 때는 서로 무슨 말만 하면 부닥치는 탓에 농담 반 진담 반으로 이런 얘기들을 자주 했다. 그때는 정말이지 아이가 가출을 했으면 좋겠다는 생각이 들 정도로 한집에 있는 게 너무 스트레스였다. 그래도 내가 낳은 자식인데, 어떻게 이런 생각까지 드는지. 아마도 심한 사춘기를 겪고 있는 아이를 옆에서 지켜본 엄마라면 충분히 이해하리라 생각한다. 여하튼 스트레스가 극에 달하면 아이한테 나가라고 윽박지르고, 넌 가출도 안 하냐며 날카로운 말을 내던지곤 했다. 그런데 사실 이러한 말은 아이가 집을 너무나도 사랑한다는 것을 알고 있기에 그 믿음 속에서 내던져진 말이다.

그리고 그 이면에는 아이가 집에서 나가기 싫게 편안한 공간으로 만들기 위한 작업이 끊임없이 이루어지고 있었다. 예를 들어 하교 후 집에 들어오면 엄마가 항상 있었고, 바로 간식을 준비해주는 센스에 편하게 쉴 수 있는 깨끗한 방 그리고 꼬리를 살랑살랑 흔들며 애교부리는 귀여운 강아지. 이 정도면 그까짓 사춘기도 언젠가는 물러가리라는 확신이 있었다.

이렇듯 아이가 심한 사춘기를 앓았던 시기에도 난 꿋꿋하게 집에 있었다. 어떤 엄마들은 사춘기 아이와 부닥치기 싫어서 간식 혹은 밥만 차려 놓고 밖으로 나온다고 하는데 난 그냥 버텼다. 내가 이기나 네가 이기나 하면서. 설령 사소한 일로 고래고래 소리 지르면서 싸우더라도 그냥 피하고 싶지 않았다. 아마도 불의를 보면 못 참는 타고난 성격 탓이었다. 물론 여기에서 불의란 아무 이유 없이 상대방을 못살게 구는 사춘기의 증세이다.

"OO아, 오늘 방학인데 밖에 나가서 친구들과 모처럼 실컷 놀다 오지 그래?"

"싫어요."

"왜?"

"그냥 귀찮아요. 집이 제일 편하고 좋아요."

"엄마가 돈 줄 테니까 친구들하고 맛있는 것도 사 먹고 놀다 와. 제발!"

"엄마 자꾸 왜 그래요?"

"엄마 혼자 조용히 있어 보는 게 소원이다 이놈아."

"그럼, 엄마 신경 안 쓰이게 문 닫고 그냥 조용히 있을 게요."

"아이고! 정말……."

아무래도 집이 너무 좋은 것 같다. 편안하고 따뜻한 집을 만들어 주기 위해 노력한 결과는 가히 성공적이라 할 만하다. 다만 아이가 집을 벗어나려고 하지 않아 나 혼자만의 시간을 갖기가 힘들다. 때론 아이들 없이 그냥 혼자 조용히 있고 싶을 때가 있고, 때론 밥도, 간식도 차릴 필요 없이 그냥 편하게 있고 싶을 때가 있다. 그런데 아이에게 있어서 집이 너무 좋다 보니 나의 자유는 그야말로 뒷전이다.

그래서 요즘 고민이 생겼다. 혹여 집이 너무 편안하고, 따뜻해서 아이가 결혼도, 독립도 싫다고 하면 어쩌나 하는 공포감이 밀려오기도 한다. 여하튼 세상에 답은 없다. 다만 엄마로서 바라는 게 있다면 아이가 커서 부모가 되든 안 되든 옛 어린 시절을 추억하며 그래도 자신에게 편안하고 따뜻했던 집이 있었다는 걸 기억해 주면 싶다.

"집이란 그냥 편안히 쉴 수 있는 그런 곳이어야 한다고 생각한다. 아무것도 눈치 보지 않고, 모든 걱정, 근심을 다 내려놓을 수 있는 그런 공간. 그런 편안하고도 따뜻한 공간에서 가족들은 마음의 안정을 찾고, 다시 뛸 수 있는 에너지를 만들어간다. 우리 집은 방문 닫는 것을 허용한다. 물론 처음엔 심하게 거부했지만 곰곰이 생각해 보니 한창 사춘기 때는 혼자만의 시간을 갖는 것도 필요하다는 생각이 들었다. 그래서일까? 우리 집 아이들은 집을 너무도 사랑한다."

5-3 공부하라고 절대 강요하지 않는 지혜

내가 생각해도 아이한테 참 지긋지긋하게 공부하라고 했다. 적어도 아이가 중학교 1학년 중반까지는. 그 이후로는 공부하라는 말 꺼내기가 무서웠다. 혹독한 사춘기를 겪는 과정에서 홧김에 아예 공부를 놓을 수도 있기 때문이다. 사실 내 주위에도 그런 경우가 많이 있었다. 초등학교 때까지 상위권 아이였는데, 어떤 이유에서인지 중학교에 가서 공부를 아예 안 하는 경우도 있었고, 중학교 때까지 공부를 잘하던 아이가 하필 고등학교 2학년 때부터 공부를 놓는 바람에 대학을 떨어져 바로 군대에 입대한 경우도 있었다.

"언니, 내 조카 큰일 났어."
"왜? 무슨 일 있어?"

“중학교 때까지 전체에서 10등 안에 들 정도로 매우 공부를 잘 했는데, 고등학교에 가더니 공부를 전혀 안 한대. 그래서 전체 꼴찌 100등 안에 든다고 하더라고.”

“아이고! 그럼, 오빠하고 올케언니 심정은 어때?”

“거의 넋이 나갔지 뭐~. 아무튼 조카 때문에 걱정이야.”

“정말이지 집안 꼴이 말이 아니겠네.”

“그래서 가족 모임도 안 한 지 꽤 됐어.”

“당연히 그럴 수밖에 없지. 가정이 편안해야 모임도 있는 것이니까.”

언젠가 지인이 나에게 이러한 하소연을 늘어놓은 적이 있었다. 그야말로 모범생이었던 조카가 고등학교에 진학하더니 자꾸만 밖으로 겉돌면서 어떤 때는 집에도 안 들어오고, 부모한테도 막 대한다는 것이다. 오빠와 올케언니는 그렇게 믿었던 자식이 갑자기 돌변한 나머지 하루하루가 마치 지옥 같고, 죽고 싶은 심정이라고 한다. 지금은 지인과 연락이 안 돼서 그 조카가 어떻게 됐는지 잘 모르겠지만 모쪼록 바른 길로 잘 갔으면 싶다.

게다가 주변 엄마들 얘기를 들어 보니 이런 경우도 있다고 한다. 아이가 대학을 떨어진 후 자기 방에만 틀어박혀 오로지 게임에만 몰두한다는 것이다. 부모가 재수를 하든지 유학을 가든지 원하는 대로 지원을 해주겠다고 해도 다 싫다고 하면서 아무런 의욕도, 아무런 희망도 보이지 않는다는 것이다. 옆에서 지켜보는 부모의 마음은 점점 더 썩어 들어가고, 나름 행복했던 가정이 파괴되어가는 안타까운 일들이 주변 곳곳에서 벌어진다고 한다.

글쎄, 모르겠다. 도대체 어디에서부터 잘못된 것인지……. 사실 나도 아이를 키우는 부모의 입장으로서 위와 같은 상황에서의 부모들이 너무 안타깝게 느껴진다. 결국 자식들 잘되라고, 그러니까 자식이 훗날 적어도 밥 굶지 않고, 여름엔 에어컨, 겨울엔 보일러를 틀 수 있을 정도로 궁핍하게 살지 말라고 채찍질을 하는 건데, 그 과정에서 뭔가가 심하게 어긋난 것이 아닌가! 부모는 그 나이만큼의 인생을 경험했지만 아이는 아직 그 나이의 인생밖에 경험하지 않았기 때문에 결국 마음이 급한 부모와 아무것도 모르는 아이의 팽팽한 줄다리기 싸움이 발생한 것이다.

"아이고! 아이가 좀 깨달았으면 좋겠는데, 왜 저러는지 모르겠어. 이 중요한 시기에 저렇게 게임, 유튜브나 하면서 허송세월을 보내면 장차 자신의 미래가 어떻게 될 거라는 예측이 안 되나?"

"그럼, 넌 그 시기에 예측이 됐니? 그래서 그동안 아주 열심히 살았고?"

"그건 아니지."

"우리가 지금 이 나이니까 그동안 수많은 경험을 통해 세상 돌아가는 이치를 파악한 거지 우리도 그 나이 때는 아무 생각 없었다고.”

“그건 그래. 아직 아이가 기껏 해봤자 13살에서 15살이니까 13년에서 15년 정도의 경험? 그 짧은 기간 동안에 무슨 경험을 해봤을까? 그냥 학교 가고, 학원 가고, 친구들과 어울리고. 경험이라고 해봐야 책과 교육을 통한 간접 경험뿐일 텐데……. 그러니 아이를 잘 키워야겠다는 마음 급한 부모와 아무것도 모르는 자식이 계속해서 부닥칠 수밖에.”

“정말이지 아이들 키우는 거 너무 힘든 것 같아. 우리 옛 부모들은 우리들을 어떻게 키웠을까? 정말 존경스럽다니까.”

“그때는 먹고살기 바쁜 시대라서 거의 방목 상태로 아이들을 키웠겠지. 게다가 그 당시 자식들은 좀 많았어? 그런데 그 와중에도 바르게 자라는 아이, 그렇지 못한 아이가 있는 걸 보면 인생은 이미 정해진 운명 같기도 해.”

요 근래 친한 친구와 나눈 대화 내용이다. 나도 아이를 키우면서 느끼는 건데, 부모의 사랑, 헌신, 노력만으로 자식을 좋은 방향으로 이끌 수는 없다. 아무리 부모가 노력을 해도 아이는 엇나갈 수 있다. 왜냐하면 아이는 부모의 영향 말고도 언제, 어디서 누구에게 어떻게 영향을 받을지 모르기 때문이다. 따라서 부모로서 해줄 수 있는 부분은 그냥 하루하루 최선을 다하는 모습과 아이가 힘들어할 때 얘기를 들어주는 것밖에 뾰족한 수가 없다. 내 경험으로 미루어 봤을 때 강요라든지, 조언, 명령은 사춘기 때 절대로 통하지 않고, 오히려 자식과 부모의 관계를 철저하게 망가뜨리는 지름길이다.

지금에 와서야 첫째 아이가 말한다. "예전 사춘기 때, 엄마가 공부하라고 하면 오히려 더 하기 싫어서 안 했다."라고. 그런데 곰곰이 생각해 보면 사람은 누구나 다 시키면 오히려 더 하기 싫은 심리가 있는 것 같다. 참 못된 심보이긴 한데, 누구나 타고 난 걸 막을 도리는 없지 않은가! 그래서 이제는 아이에게 절대로 공부하라고 강요하지 않는다. 가뜩이나 하기 싫은 공부, 더 하기 싫어할까 봐 내 입에 지퍼를 달아 놨다.

"나도 그랬던 것 같다. 뭘 하려고 마음을 먹고 있는데 누군가 먼저 지시를 하고 시키면 그 즉시 하기 싫어지는 마음, 그게 바로 자존심인 것 같다. 따라서 누구나 다 자존심이 상하고 싶지 않기에 아이들도 공부하라고 시키면 오히려 더 하기 싫어질 게 분명하다. 그렇다면 엄마가 공부하라는 말을 전혀 안 하면 어떨까? 아마도 처음엔 엄마의 잔소리로부터 해방되었다는 기쁨이 클 것이다. 하지만 그것도 잠시 곧 불안감이 엄습해 오지 않을까 싶다."

5-4 코믹한 엄마가 품위 있는 엄마보다 좋다

신나는 아이돌 음악에 맞춰 춤을 추고 있는 아이를 보면서 가끔 나도 신나게 따라 출 때가 있다. 아이는 요즘 인기 있는 아이돌의 춤 동작 하나하나를 예리하게 관찰해서 추는지 제법 멋있는 동작을 만들어낸다. 그런데 나는 그런 동작을 어설프게 따라 하다 보니 아이의 눈에 비치는 모습은 그야말로 관광버스 춤이다. 그래도 세대차를 극복할 수 있는 아이돌 춤과 관광버스 춤의 조합을 시도하면서 신나게 추고 나면 모녀지간의 사이도 좋아지는 것 같다.

"어쭈! 제법 추는데……. 도대체 어떻게 추는 거야?"
"……."
"휴우! 매우 어려운데……. 아이고! 몸이 말을 안 듣네."
"엄마, 도대체 춤이 왜 이래요. 꼭 틱 장애 있는 것 같아요."

"그 정도로 이상해? 그런데 아이돌 춤은 왜 이렇게 어려운 거야?"

"그러니까 아이돌이죠."

"사실 엄마도 대학생 때 토끼 춤추러 나이트클럽 많이 다녔어. 그 당시 '소다'라는 높은 통굽 신발이 유행이었는데, 친구랑 그 신발 똑같이 사 신고 명동에 있는 모 나이트클럽에 가서 굽이 반이나 닳을 정도로 춤에 푹 빠져 있었지."

"엄마도 그럴 때가 있었어요? 매우 웃긴다."

"엄마는 사람 아니니?"

요즘 아이랑 대화를 나눌 때 마치 친구처럼 얘기한다. 그러니까 나의 과거 춤바람 얘기 같은 것도 친한 친구한테 얘기하듯 그냥 스스럼없이 말한다. 솔직히 예전 같았으면 '나'를 품위 있게 포장해서 그럴 듯한 엄마로 아이한테 인식시켰을 텐데, 그런 게 다 부질없다는 생각이 들었다. 이제는 가식과 포장 등 무의미한 것이 싫다. 그냥 솔직한 게 제일 편하고, 질리지 않는다. 게다가 이 나이가 되니 속이 다 들여다보이는 걸 어찌하랴! 차라리 가식보다는 코믹한 게 좋다. 삭막하고 각박한 세상, 남들에게 웃음과 편안함을 주는 것이야말로 인생의 커다란 의미가 있다고 생각했다.

누군가 물었다. "대부분 집에 있을 때와 밖에 나와서의 모습이

다르지 않아?"라고. 모두들 그랬다. "다 그렇지 뭐~" 그때 난 말했다. "난 요즘 노력 중이야. 밖에서 하는 것과 집에서 하는 것의 차이를 점점 좁혀 가기로 말이야."라고. 그래서 택한 것이 바로 코믹한 엄마의 모습이다. 적어도 두 가지의 모습으로 살아가지는 않을 것 같았다. 이제 사춘기가 거의 시들어가는 첫째 아이한테는 농담도 많이 하고, 장난도 많이 친다. 그래서인지 아이도 엄마 보기를 그냥 편한 친구 대하듯 한다.

"엄마는 파충류 같아요."

"파충류! 파충류 중에서도 어떤 동물?"

"악어요."

"야, 아무리 그래도 어떻게 인간이 악어를 닮을 수가 있어. 좀 심하다."

"엄마, 정말 악어 많이 닮았어요."

"아, 그래? 그러고 보니 진짜 닮은 것 같기도 하다. 근데 너는 뭐 닮은 줄 알아?"

"……."

"돼지도 아니고 멧돼지."

"흥!"

첫째 아이는 체격이 아주 큰 편이다. 아마도 어렸을 때부터 너무 많이 먹인 나의 무모함이 한 몫 한 것 같다. 어렸을 때부터 차곡차곡 채워진 풍부한 영양 덕분에 아이는 살빼기가 너무 힘들다. 그런 아이가 언젠가 학원을 가기 위해 나랑 같이 지하 주차장으로 들어서는 순간, 다소 어둡고 조용한 틈을 타서 장난을 걸어왔다. 내 뒤를 따라오던 아이가 갑자기 내가 걸친 점퍼의 목 부분을 위로 끝까지 들어 올린 것이다. 아이가 나보다 키가 크다 보니 충분히 가능했던 일이다. 난 마치 사람이 조종하는 줄 인형의 인형처럼 순간 내 자신이 작아지면서 피노키오 춤을 추고 있었다. 아이는 낄낄거리며 너무 좋아했다. 그때 비록 내 모습은 우스꽝스러웠을지 모르겠지만 공부에 지친 아이에게 잠시나마 휴식을 준 것 같아 뿌듯했다. 그게 바로 엄마의 마음이 아닐까 싶다.

가끔 이런 생각을 한다. 만약 아이가 너무 순해서 지금까지 내 뜻대로만 따라왔다면 과연 어떻게 됐을까? 아마도 난 아이에 대한 집착으로 인해 견디기 힘들 정도로 괴로운 나날을 보내고 있지 않을까 싶다. 내가 원하는 대로 따라오는 아이! 지금에 와서 생각해 보니 정말 무섭다. 그렇게 자라온 아이가 훗날 스스로 어떻게 살아갈 것이며 나는 또 어디까지 아이한테 해줄 것인지……. 결국 나와 아이의 미래는 어떻게 될 것인지 생각만 해도 끔찍하다. 하나에서 열까지 다 챙겨 줘야 하는 엄마와 아무것도 할 줄 모르는 아이. 사실 이러한 경우가 우리 주변에 의외로 많다.

어떤 지인이 그랬다. "난 아이가 너무 말썽을 피워서 우울증 걸릴 시간조차 없어요. 그런데 이상하게도 아이가 너무 말을 잘 듣는 집 엄마를 보니까 우울한 것 같더라고요."라고. 나도 이 말에 충분히 공감이 된다. 왜냐하면 부모 뜻을 그대로 따르는 아이는 혹여 잘못됐을 경우, 부모 탓을 할 수도 있겠지만 반대로 자기 멋대로 하는 아이들은 적어도 부모에게 책임을 몽땅 떠넘기지는 않을 테니 의외로 마음은 편한 것이다. 물론 다 그런 것은 아니겠지만.

난 아이가 제때 사춘기를 겪은 것에 대해서 너무나 감사한다. 덕분에 나도 나름대로의 길을 찾았고, 아이도 자기주도로 해나가는 방법을 찾았다. 난 그냥 그런 아이를 지켜보면서 가끔씩 아이를 치켜세워 줄 수 있는 코믹한 엄마가 되어 주면 된다.

"내가 만약 아이라면 내 엄마는 다가가기 힘든 품위 있고 고상한 엄마보다는 차라리 나에게 웃음을 줄 수 있는 코믹한 엄마가 훨씬 따뜻함과 다정함으로 다가올 것 같다. 사실 부모와 자식의 관계는 편안하고, 가식이 없어야 한다. 그런데 엄마가 품위만을 내세운다면 아이들은 엄마한테 접근하기가 힘들 것이고, 그런 가정 분위기 속에서 아마도 숨이 막힐 것이다."

5-5 기나긴 기다림 끝에 다시 열리는 방문

조금씩 아주 조금씩 열리기 시작했다. 아이의 굳게 닫힌 방문이. 한동안 아이의 방 안에서 도대체 무슨 일이 벌어지는지 전혀 알 수가 없었다. 그런데 언제부터인가 방문의 틈이 조금씩 벌어지기 시작했고, 난 거실과 현관을 오가면서 그 벌어진 틈으로 방 안의 소식을 엿보곤 했다. 그토록 궁금했던 아이의 방 안, 막상 열리기 시작하니 딱히 별 게 없었다. 사람의 심리가 감추면 감출수록 오히려 더 궁금해지는 법이니까.

그토록 굳게 닫혀 있었던 아이의 방문이 열릴 때 처음엔 방 안 전체를 볼 수 없었다. 아주 좁은 틈으로 옷장 옆면만 겨우 볼 수 있었다. 그러다가 책꽂이 일부, 책꽂이 전체, 책상 그리고 드디어 문이 완전히 열리는 날, 침대에 누워 있는 아이의 모습까지 볼 수 있었다. 그러면서 아이는 점점 더 영역을 확대해 거실로 나오기 시작했다. 아마도 그동안 방 안에 콕 박혀 있었던 게 스스로도 답답했던 모양이다.

"OO아, 이제 좀 네 방에 들어가면 안 돼? 네가 거실에 떡 버티고 있으니까 소파에 앉지도 못하겠고, 또 음악 소리 때문에 너무 시끄러워."

"난 여기가 좋은데요."

"아무튼 별일이라니까. 얼마 전까지만 해도 방문 걸어 잠그고 나오지도 않던 아이가 이제는 방에 들어가라고 해도 안 들어가니……."

"방은 답답하다고요. 덥기도 하고……. 그리고 조금 있다가 TV도 봐야 해요."

"이 시간에 TV까지 봐야 돼? 그럼, 조용히 하고 보렴."

"알았어요."

사실 아이가 사춘기 때는 '과연 저 방문이 열릴까?' 하는 걱정이 매우 앞섰다. 그리고 행여나 열리더라도 무엇을 어떤 식으로 풀어나가야 할지 막막했다. 그런데 다시는 열릴 것 같지 않았던 방문이 열리기 시작하면서 꼬일 대로 꼬인 실타래도 서서히 쉽게 풀리기 시작한 것이다. 그렇게 시간이 지나면서 어느새 아이의 인상도 훨씬 부드러워졌고, 서로 간의 대화도 자연스러워졌다. 정말이지 영원히 끝날 것 같지 않았던 사춘기와의 전쟁이 이제 그 막을 내리는 순간이었다.

긴 기다림 끝에 오는 편안함, 그 전에는 죽고 싶을 정도로 힘들었던 하루하루가 이제는 그냥 편안한 일상이 되어버린 것이다. 순간, 그 명언이 생각났다, '이 또한 지나가리니'라는. 내 의지로 할 수 없는 부분은 그냥 기다리는 수밖에 없다. 다만 기약이 없는 긴 기다림 속에서 지치지 않도록 나 자신을 다스리는 법을 알아야 한다. 그러려면 우선 내 자신을 사랑해야 하고, 모든 집착으로부터 벗어나야 하고, 하루하루 최선을 다해 열심히 사는 것, 그 자체로 '기약 없는 기다림'이라는 막막함이 사라지지 않을까 싶다.

그러니까 무언가를 기다리면서 내 자신의 삶에도 의미를 부여하는 것이다. 사실 나도 전혀 기약이 없었던 아이의 사춘기를 지켜보면서 너무나도 힘들었고, 그 과정에서 생각해 낸 것이 내 삶에 의미를 부여하는 것이었다. '도대체 아이가 왜 저러지?', '언제쯤 돌아올까?' 하는 무의미한 걱정보다는 그 에너지를 보다 의미 있는 내 삶에 쓰고 싶었던 것이다. 나의 마음을 채워나갈 수 있는 그 무엇으로든.

"나 집중해서 글 써야 되는데 왜 이 방으로 들어와?"

"엄마 보고 싶어서요."

"보고 싶긴 뭐가 보고 싶어. 늘 지겹도록 보는 얼굴인데. 너 혹시 등 긁어 달라고 귀찮게 하는 거 아니지?"

"에이! 설마 그러겠어요?"

"그럼, 엄마 글 좀 쓰게 조용히 강아지랑 놀아."

"알았어요."

"……."

"……."

"엄마, 나 여기 너무 가려운데 좀 긁어 주시면 안 돼요?"

"내가 너 그럴 줄 알았어. 이 방에 온 목적이 있었겠지. 약은 놈 같으니라고."

"어디가 가려운데?"

"종아리요."

"……."

"아이고! 시원해."

솔직히 굳게 닫힌 아이의 방문이 열리면서 모녀간의 관계는 회복되었지만 내가 좀 귀찮아지긴 했다. 그래도 정신적으로 피곤한 것보다는 육체적으로 피곤한 것이 훨씬 낫다는 생각이 든다. 물론 방황하던 아이가 다시 돌아와 준 것만으로도 엄마인 나로서는 더할 나위 없이 행복하다. 요즘엔 첫째 아이와 부닥칠 일이 거의 없다. 나는 나대로, 아이는 아이대로 각자 맡은 바 일을 성실하게 해나가면서 다만 엄마로서 아이에게 해줘야 할 최소한의 것만 해주고 있는 상황이다.

나는 원래 너무 지나친 것을 좋아하지 않는다. 오히려 부족한 듯해야 감사함도 느낄 줄 알고, 행복함도 느낄 줄 알기 때문이다. 나도 풍족하지 않은 집안에서 더 나은 삶을 위해 노력하면서 살아왔듯이 내 아이도 그렇게 살기를 바랄 뿐이다. 여하튼 아이의 방문이 오랜 기다림 끝에 다시 열렸으니 다시는 닫히지 않도록 아이의 입장에서 먼저 생각하고, 배려하도록 노력해야겠다. 흔히들 '질풍노도'의 시기라고 하는 중학교 생활도 이제 거의 막바지다. 고등학교 진학을 앞둔 아이에게 엄마로서 해줄 수 있는 것은 열심히 사는 모습과 아이를 향한 칭찬과 격려가 아닐까 싶다.

그런데 문제가 또 생겼다. 이제는 작은 아이의 방문이 완전히 닫혀버렸다.

"아이들의 사춘기! 옆에서 지켜보는 부모 입장에서는 언제 끝날지도 모르는 기약 없는 기다림으로 다가온다. 그 기다림은 그야말로 숨이 막히고 답답하다. 아니, 죽을 만큼 힘이 든다. 그래서 그동안 아이를 잠시 잊어버리고, 나를 찾는 일이 필요하다. 나는 당시 합창 봉사와 영어 공부에 집중했다. 그리고 어떤 엄마는 가족들이 며칠 동안 먹을 것을 다 준비해 놓은 다음 혼자 가까운 해외 여행을 다니기도 하고, 또 어떤 엄마는 퀼트를 하면서 마음을 다스리기도 하고, 또 어떤 엄마는 매일 새벽 기도에 나가 기도하기도 하고, 또 어떤 엄마는 신나게 방송 댄스를 배우러 다니기도 하고, 또 어떤 엄마는 경력 단절을 극복하고 아예 일하러 나가기도 하고, 또 어떤 엄마는 독서를 하는 등 나름 현명한 방법으로 아이들의 사춘기를 극복하고 있었다."

5-6 서서히 나의 곁으로 다가오는 아이의 모습

다 때가 있는 모양이다. 험한 인생의 길을 산으로 비유하자면 난 지금쯤 몇 번째 고개를 넘고 있는 것일까? 3년 전만 해도 끝나지 않을 것 같은 가파르고 힘든 고개를 지금은 거의 다 넘어가고 있다. 아이가 중학교 1학년 시절, 그때가 내 인생의 몇 번째 험한 고개의 시작이었는지는 잘 모르겠지만 더 이상 올라가지도 내려가지도 못했던 그 암담했던 지점에서 난 혼자 외로이 울부짖고 있었다. 그렇게 얼마쯤 지났을까! 굽이굽이 제일 험한 고개만 넘으면 순탄한 길이 보일 텐데……. 그 절박했던 순간 나는 '나'를 벗고 진정한 '엄마'의 모습으로 거듭나려고 안간힘을 썼다. 그리고 서서히 아주 서서히 그 험한 고개를 넘어올 수 있었다.

영원히 돌아올 것 같지 않았다. 예전 그 사랑스러웠던 아이로. 그동안 난 끝이 보이지 않는 캄캄한 터널을 계속 걸어가고 있었다. 숨이 막히고 전혀 빛도 공기도 없는 그 어두웠던 터널. 그런데 언제부터인가 환한 빛이 보이기 시작했다. 이제 조금만 더 가면 그 지긋지긋했던 터널을 완전히 빠져나와 예전 사랑스러웠던 아이를 만날 수 있다. 지금 그런 아이의 모습이 서서히 보이기 시작한다. 내가 조금만 더 노력해서 그 길고도 험했던 어둠의 터널을 완전히 빠져나올 것이다.

"엄마, 나 엄마가 너무 보고 싶어서 왔어요."
"아이고! 엄마가 그렇게 보고 싶었어요?"
"네. 공부하느라 힘든데, 나 좀 안아 주면 안 돼요?"
"당연히 그래야지요. 이리 와 봐, 우리 예쁜 딸."
"……."
"난 우리 딸이 예전으로 돌아와서 너무 기뻐. 알지?"
"……."
"엄마, 내가 엄마 한번 들어 볼게요."
"그러렴. 아고고. 엄마가 가벼우니까 번쩍 드네."
"그나저나 우리 딸 살 좀 빼야지?"
"알았다고요."

지금 생각해 보면 아이가 어렸을 때는 엄마인 나를 너무도 좋아했다. 항상 내가 옆에 있어야만 잠을 편안히 잘 수 있었고, 그때마다 내 배를 만지면서 잠이 들곤 했다. 나도 그런 아이가 너무나 사랑스러운 나머지 세상을 다 얻은 것 같은 기분이었다. 아마도 그런 마음이 초등학교 4학년 때까지 지속됐고, 아이가 정신적, 육체적으로 성장해 든든해지기 시작했던 때는 초등학교 5, 6학년 때였던 것 같다. 여하튼 이때까지는 모녀간의 문제가 거의 없었다. 그런데 아이가 중학교에 올라가면서부터 모든 게 엉망진창이 되어버린 것이다.

솔직히 무서웠다. 그동안 도대체 무슨 일이 있었기에 이 지경까지 와야 하는지 아무리 생각해도 이해할 수 없는 부분이 많았다. '사춘기'라는 게 일반 상식적으로 이해할 수 있는 그런 게 아니었다. 그냥 아이들의 단순한 투정, 짜증 정도가 아니라 자칫 가정을 파괴시킬 수도 있는 위력을 가지고 있었다. 흔히들 '중2병'이라고 하는 것도 그렇고, 북한이 우리나라에 쳐들어오지 못하는 이유가 중학교 2학년 아이들 때문에 그렇다는 우스갯소리도 있는 걸 보면 사춘기는 그냥 웃어넘길 사소한 문제가 아니라는 것이다.

물론 주변의 엄마들 얘기를 들어 보면 그냥 조용히 지나가는 아이들도 있다고 한다. 그러니까 평균적으로 중학교 시기에 사춘기는 다 겪지만 정도의 차이라는 것이다. 기질이 좀 약한 아이들은 사춘기의 강도도 약하고, 기질이 센 아이들은 그만큼 사춘기의 강도도 세다는 얘기다. 그렇다면 첫째 아이는 기질이 아주 센 편에 속했던 것 같다. 그만큼 내가 너무 힘들었으니까. 사실 나도 기질이 센 편인데, 사춘기 때 나의 엄마는 얼마나 힘들었을까 싶다. 그런데 이상하게도 내가 엄마를 힘들게 한 건 기억이 잘 나질 않는다. 반면 아이가 나를 힘들게 한 건 평생토록 기억에 남을 것 같은데, 그건 왜일까? 참 웃긴 게 첫째 아이 사춘기 때, 난 너무 힘들었는데, 아이는 그다지 힘들게 하지 않았다고 얘기한다. 그러니까 결국 아이가 사춘기를 겪는 과정에서 엄마만 손해 보는 입장인 것이다.

따라서 지금 사춘기 아이로 인해 혹독한 시련을 겪고 있거나 앞으로 겪을 엄마들은 마음의 상처를 입지 않도록 준비를 단단히 해둬야 할 것이다. 예를 들면 자신이 집중할 수 있는 것들, 즐길 수 있는 것을 미리 만들어 놓고, 아무리 상대방이 무시해도 한 귀로 듣고 한 귀로 흘릴 수 있는 강한 정신력을 키워 놓아야 한다. 그리고 마음을 터놓을 수 있는 친한 엄마들과의 솔직한 수다도 많은 도움이 된다. 여하튼 그 어려운 시기를 잘 극복하고, 여기까지 온 나에게 애썼다고, 대단하다고 토닥여 주고 싶다.

이제 아이는 나의 곁으로 다가오고 있다. 그동안 자신의 정체성을 찾기 위해 격렬하게 자신과의 싸움을 벌이다가 지금에서야 진정한 자신을 찾았고, 늘 자신의 옆에서 그림자가 되어 준 '엄마'라는 존재의 소중함도 깨닫기 시작했다. 그리고 앞으로는 자신이 원하는 제대로 된 길을 찾기 위해서 부단히 노력할 거라고 믿는다. 물론 그 과정에서 또 다른 시련이 찾아올 수도 있겠지만 그만큼 사춘기를 혹독하게 치러냈기에 앞으로는 그 경험이 발판이 되어 무엇이든 지혜롭게 잘 극복해 나가리라 생각한다.

"엄마, 이번 주말에 같이 영화 봐요."
"무슨 영화?"
"글쎄요. 한번 뭐가 재밌는지 알아볼게요."
"그러렴. 이왕이면 가슴 따뜻한 영화가 좋을 것 같구나."
"알았어요."

"언젠가는 '사춘기'라는 날카롭고도 거친 껍질을 깨고, 아이는 엄마에게로 다가온다. 그럼, 그때 엄마는 아이에게 "네가 다시 돌아왔구나. 엄만 네가 꼭 돌아올 거라 믿었단다."라고 얘기해 주면서 따뜻하게 안아 주면 되는 것이다. 지금 생각해 보면 당시에는 아이가 엄마인 나에게 다시 돌아올 거라는 희망이 전혀 없었다. 그런데 이렇게 다시 돌아오는 걸 보면 당시 죽고 싶을 정도의 심한 마음고생이 어리석게만 느껴진다."

5-7 스스로 의지를 갖고 자신의 미래를 내다보는 아이

"엄마, 나 임용고시 시험 봐서 교사가 되면 어떨까 싶어요."

"교사? '교사'라는 직업도 만만치 않은데……. 너, 그 많은 아이들을 가르치고 통제할 수 있겠어?"

"재밌을 것 같은데요. 어떤 직업이든 힘들지 않은 게 어디 있겠어요."

"아이고! 다 컸네."

"그럼, 외고 가는 게 너한테 별 의미가 없잖아. 내 생각엔 외고 중국어과에 들어갔으니 이후 중국 관련 일을 하면 좋을 것 같은데……."

"사실 중국어도 재밌고, 역사 선생님도 해보고 싶고……. 딱히 정하기가 힘들어요."

"그래, 그냥 물 흐르듯 자연스럽게 가면 돼. 사실 꿈이라는 게 수시로 바뀌거든. 엄마도 그랬으니까."

"……."

참 웃긴다. 아이가 초등학교 때 '외교관'이 되라고 강요했던 내가. 그리고 그 강요에 세뇌당해 억지로 외교관이라는 꿈을 키우려고 했던 아이의 순수함이 지금 생각해 보면 너무 사랑스럽다. 결국 꿈은 자신이 원하는 대로 가는 게 맞다. 부모에 의해서 강요당하는 꿈은 아무런 행복도, 성취감도 느낄 수 없는 죽은 꿈이나 마찬가지다. 지금 첫째 아이는 자신의 꿈을 향해 한 걸음 내디딘 상태다. 난 그것만으로도 너무 감사할 따름이다. 사실 요즘 아이들은 딱히 꿈이 없다. 어떤 아이들은 꿈을 떠나서 아무것도 하고 싶은 게 없다.

문제가 심각하다. 나는 개인적으로 그 원인을 인터넷 보급과 물질적인 풍요라고 생각한다. 인터넷의 넘쳐나는 정보와 물질적인 풍요가 전혀 호기심을 자극하지 않기 때문에 아무런 의욕도 생기지 않는 것이다. 사실 내가 자라올 때만 해도 너무 부족한 게 많았기에 그것을 얻으려고 부단히 노력하면서 살아왔다. 그러다 보니 노력한 만큼의 대가를 얻었을 때는 그 행복감이 이루 말로 표현할 수 없을 정도로 컸다. 게다가 그 과정에서 조금씩 이루어가는 성취감은 지금껏 나를 살아가게 한 원동력이었다.

지금 이 글을 쓰고 있는 나는 옆에서 코를 드르렁드르렁 골면서 낮잠을 자고 있는 '해피'라는 사랑스러운 강아지를 바라보고 있다. 나는 가끔 해피를 보면서 불쌍하다는 생각을 하곤 한다. 가족들에게 한껏 사랑도 받고, 먹을것도 풍족하게 먹지만 누군가가 놀아 주지 않으면 내리 잠만 잔다. 내일에 대한 기대감과 희망 없이 그저 쳇바퀴 도는 똑같은 일상을 살아가는 해피를 보면서 인간으로 태어난 것이 너무 감사할 따름이다. 그런데 가끔 아이들은 "강아지로 태어났으면 공부도 안 하고, 학원도 안 갈 텐데……." 하면서 푸념을 늘어놓는다.

지금 돌이켜 보면 의지는 어떠한 계기가 있지 않는 한 절대로 생겨나지 않는다. 그리고 그 계기는 어디에서 어떤 식으로 올지 아무도 모른다. 다만 그 계기가 빨리 온다면 적어도 쓸데없이 시간을 낭비하면서 살지는 않을 게다. 아이를 키우는 과정에서 느낀 것은 '왜 공부를 해야 하는지'에 대한 동기 부여가 쉽사리 생겨나지 않는다는 것이다. 나도 아이가 어렸을 때부터 온갖 경험을 다 시켜 줬다. 특히 역사 탐방이라든지 직업 체험 프로그램을 꾸준히 시켜 주면서 아이의 진로에 동기 부여가 될 만한 많은 경험을 접하게 해줬다.

하지만 아이는 정작 하고 싶은 것을 발견하지 못했다. 게다가 중학교에 올라가서는 1학년 때 잠깐 진로 체험을 하다가 2학년 때부터는 주로 내신에 신경을 쓰느라 자신의 적성을 찾을 시간적 여유조차 없었다. 그러던 어느 날, 앞에서도 언급했듯이 엑소의 레이를 통해 중국에 관심을 보이기 시작했고, 그러면서 중국어에 호기심을 갖게 되었다. 그러니까 첫째 아이는 진로에 대한 동기 부여가 아이돌을 통해서 생긴 것이다.

"중국어 재밌니?"

"성조 때문에 어렵긴 한데, 할 만해요."

"중국어로 얘기 한번 해봐. 어디 좀 들어보자꾸나."

"싫은데요."

"배웠으면 써먹을 줄도 알아야지."

"중국어도 배우면 배울수록 영어랑 비슷한 것 같더라고요."

"그럼, 배우기도 훨씬 수월하겠네. 사실 영어 말고는 평생 다른 외국어에 관심 갖기가 쉽지 않은데……. 너도 참 대단하다. 중국어에 관심을 다 갖고."

첫째 아이는 지금 두 가지의 꿈을 갖고 있다. 하나는 역사 교사, 또 하나는 중국어를 활용할 수 있는 직업이다. 앞으로 무엇을 해야 할지 갈팡질팡하는 막막함에서 어느 정도 좁혀지기는 했다. 그래도 아직 모른다. 고등학교 진학을 앞두고 있는 시점에서 앞으로 또 어떤 계기가 생겨서 꿈이 어떤 식으로 가지치기를 할지는 그 누구도 모르는 것이다. 아니, 비록 뚜렷한 꿈이 생기지 않더라도 조바심을 낼 필요는 없다. 다만 꾸준히 실력을 갖추어 나가면서 다양한 경험을 쌓다 보면 언젠가는 자신에게 맞는 게 무엇이지 정확한 판단이 설 것이고, 그때부터 자신의 일을 즐기면서 살면 되는 것이다.

중요한 건, 부모의 강요에 의해 결정된 진로는 아이도 원하지 않을뿐더러 비록 따르더라도 자신의 의지와 무관하게 마치 로봇처럼 기계적으로 할 수밖에 없다. 그리고 더 나아가 자신의 진로가 문제될 경우, 그 탓이 모두 부모에게로 돌아간다는 사실이다. 그래서 부모는 참 힘들다. 수많은 경험을 통해 깨달은 것을 내 아이에게만큼은 바로 깨우쳐 주고 싶은데, 아이는 그런 부모의 마음도 모른 채 자신만의 길을 고집하기 때문이다. 그런데 어찌하랴! 부모니까 아이가 가는 그 길이 비록 아닐지라도 그냥 기다려 줄 수밖에.

"부모가 선택한 길을 아이들에게 무조건 따르라고 강요하는 것은 결국 아이의 미래까지 부모가 책임을 진다는 것일 게다. 하지만 하루가 다르게 아이들은 성장하고, 부모는 늙어 가는데, 그 이후의 책임을 어떻게 감당할 것인가! 중요한 건, 부모는 아이가 자신의 미래에 대해서 선택을 하고, 또 그에 따른 책임도 질 수 있도록 가르쳐야 한다. 사실 내 아이들은 부모의 뜻을 잘 따르지 않기 때문에 스스로 선택한 길에 대한 '책임'을 무척 강조하는 편이다."

5-8 그만큼의 지랄을 떨어야 직성이 풀리는 지랄 총량의 법칙

세상을 살아가다 보면 이런저런 일로 인해 스트레스를 받게 마련이다. 어떤 이들은 스트레스를 운동으로 풀기도 하고, 또 어떤 이들은 여행을 통해서 풀고, 또 어떤 이들은 영화나 콘서트 등 문화생활을 통해 풀기도 한다. 그렇다면 만약 스트레스를 풀 수 있는 방법이 딱히 없는 이들은 도대체 어떻게 살아갈 수 있을까? 사람들의 성격적인 유형을 보더라도 화가 날 경우, 그때그때 말대답하면서 푸는 이들이 있는가 하면 아무리 화가 나도 그냥 참는 이들이 있고, 분노를 참지 못해 사람에게 해를 가하는 이들, 결국 죽음을 선택하는 이들도 있다.

요즘 흔히 말하는 '지랄 총량의 법칙'이 있다. 이 법칙을 굳이 풀이하자면 '그만큼의 지랄을 떨어야 직성이 풀린다.'라는 뜻이 아닐까 싶다. 그러니까 각 개인에게 할당된 지랄의 총량이 똑같기 때문에 사람의 성격과 무관하게 언젠가는 할당된 지랄 총량을 다 사용하게 되어 있다는 것일 게다. 참 재미있는 법칙이면서도 정말 가슴에 와 닿는 얘기다.

"언니, 딸은 이제 좀 괜찮아졌어?"

"지금은 많이 좋아졌지. 나랑 부닥칠 일도 거의 없고, 자기 일 자기가 다 알아서 하니까 지금은 너무 편해. 그나저나 아들은 좀 어때?"

"얘는 사춘기가 지금 시작됐어. 정말이지 너무 힘들어."

"그때는 얌전했었잖아."

"그러게."

"언니, 지랄 총량의 법칙이 정말 맞아. 나도 어렸을 때, 엄마 말 잘 듣는 착한 딸이었는데, 결혼할 무렵, 엄마랑 사이가 많이 틀어졌다니까. 왠지 그때는 엄마 말도 듣기 싫고, 그냥 짜증이 나더라고."

"그동안 너무 착하게 살다 보니 그 즈음에 지랄을 좀 떨고 싶었나 보네."

"예전에 누군가에게 들은 얘기인데, 강남에서 있었던 일이래. 멀쩡하게 잘 살던 대기업 직원이 어느 날 퇴근 후 집에 들어오더니 안방으로 들어가 문을 잠그고는 그 다음부터 밖으로 나오질 않았대."

"그럼, 회사도 안 가고?"

"회사고 뭐고, 삶을 포기하고 싶을 정도로 우울감이 극심했나 봐. 그래서 부인이 겨우겨우 설득해서 병원에 갔는데, 진단 결과는 우울증이었대. 원인을 들어 보니 어렸을 때부터 엄마가 하라는 대로 공부 열심히 해서 좋은 대학 나오고, 바로 대기업에 취직을 한 그 직원은 그야말로 엄마 말 잘 듣는 공부 잘하는 착한 아들이었던 거지."

"그러니까 자기 뜻은 하나도 없이 그냥 엄마의 뜻대로만 살아온 그런 인생이었네."

"그렇지. 그러다가 문득, '나는 누구지?' 하면서 자신의 정체성이 흔들리기 시작했고, 그렇게 하루하루 우울하게 지내다가 그 우울함이 오랜 시간에 걸쳐 깊은 우울감으로 변해가고, 결국 자신의 방문을 굳게 닫아버린 경우였어."

"충분히 그럴 수 있을 것 같아. 물론 남들이 생각하기엔 좋은 대학에, 대기업 직원, 게다가 강남에 살 정도로 경제적 여유가 있는 사람이 뭐가 아쉬워서 저러는지 의아해할 수도 있겠지만 그게 중요한 게 아니지."

"당연하지. 행복한 삶이란 상대방한테 끌려 다니는 그런 인생이 아니라 힘들더라도 자기 주도로 사는 그런 인생이 훨씬 행복한 거 아니겠어."

사실 이 얘기는 친한 언니의 지인 얘기다. 그 대기업 직원 부인이 나의 친한 언니에게 하소연을 하며 건넨 얘기이다. 이 사연을 통해 느낀 것은 대부분 순하고 착한 아이들의 경우, 그냥 부모가 시키는 대로 순종하면서 따르는 것처럼 보이지만 그 이면에는 어떤 생각을 품고 있는지 전혀 예측할 수 없다는 것이다. 반대로 자신의 의견이 분명한 아이들은 부모의 입장에서 좀 피곤할 수 있겠지만 아이의 생각을 그때그때 읽을 수 있기 때문에 훗날 위와 같은 불행은 없으리라 생각한다. 물론 아이들마다 다 다를 수는 있다.

나 같은 경우는 첫째 아이가 초등학생 때까지 너무 순하고 착해서 내 주도로 이끌어 간 부분이 많았다. 그 당시 아이는 내 뜻을 잘 따라 줬고, 별다른 반항이 없었기 때문에 그냥 대부분의 것을 내 주도로 이끌어 나갔다. 지금 생각해 보면 아이는 자신의 생각과 의견을 나에게 말하기가 두려웠던 것 같다. 그러니까 어린 마음에 엄마라는 권력의 힘을 감히 거스를 수가 없었던 것이다. 따라서 억압되어 있던 감정이 중학교 사춘기를 통해 엄청난 분노로 폭발했고, 이는 곧 지랄 총량의 대부분을 사춘기를 통해 분출시킨 것이다.

솔직히 아이가 지금까지 순하고 착한 아이였다면 엄마인 나로서는 참 편하고, 걱정이 없었을 것이다. 게다가 엄마라는 집안의 권력을 더 남용했을지도 모르겠다. 그리고 훗날 발생할지도 모를 무서운 일을 그냥 모른 채 살아가고 있지 않을까 싶다. 언젠가 첫째 아이가 나에게 이런 말을 한 적이 있었다.

"엄마, 만약 엄마가 나에게 맨날 공부만 하라고 하고, 엄했으면 나중에 엄마라는 사람을 생각하고 싶지 않을 것 같아요."

"지금은 어떤데?"

"지금은 편하고 너무 좋죠. 엄마는 나 안 좋아요?"

"그거야 당연히 엄마 딸인데 좋지 안 좋겠어."

나도 사춘기 때 엄마한테 막 소리 지르고, 반항했던 기억이 난다. 지금 내 기억으로는 그 당시 나에게 할당된 지랄 총량을 거의 다 쓴 것 같긴 한데, 문제는 나의 지랄을 보고 있었던 엄마가 얼마나 힘들었을까 싶다.

"부모는 아이가 자신의 명령과 지시를 마땅히 따라야 한다고 생각하는지 아니면 자신한테 혼날까 봐 무서워서 따르는 척하는 것인지 잘 파악해야 한다. 그렇지 않으면 훗날 아이의 참았던 분노가 어떤 식으로 강력하게 폭발할지 모른다. 지금의 내 경우를 보더라도 그렇다. 아이가 어렸을 때는 엄마인 나의 말을 제법 잘 따랐다. 그런데 중학생이 되면서부터 사사건건 내 말을 무시하곤 했다. 그건 바로 아이가 어렸을 적에 엄마의 힘에 눌려 있었다는 증거다."

5-9 아이를 통해 배운 엄마다운 엄마의 모습

사춘기 소녀는 말끝마다 가시를 세웠다.
그저 말없이 무던히 다 받아주던 엄마

사춘기 아들에게 그때의 가시가 그대로 돋아났다.
엄마 같은 엄마가 될 수 없는 나는
가끔 가시를 피해서 간다.

부모는 가시를 안으로 세우고
자식은 가시를 밖으로 세운다.

제 살이 찢기면서도 미소 짓는 부모는
가시 돋친 자식을 온몸으로 품고도 신음하지 않는다.
다만 속으로 숨 가쁘고 힘겨울 뿐이다.

김인숙 시인의 <가시연꽃으로 피는 사춘기>라는 시다. 사실 사춘기 관련 글을 쓰면서 관련 시도 한번 검색해 봤다. 그중 우연히 이 시를 발견했고, 한 행 한 행 읽어 내려가면서 그 속에 담긴 뜻을 생각하니 너무도 가슴에 와 닿았다. 한마디로 이 시는 사춘기 아이를 키우고 있는 부모, 특히 엄마의 뼈저린 인내를 너무나도 잘 표현해 놓았다. 나의 경우를 보면 위 시의 내용은 아이가 사춘기를 막 시작할 무렵의 심정은 아니다. 시간이 점점 흐르면서 아이의 사춘기가 극에 달했을 때, 그때 비로소 아이에 대한 집착을 내려놓음으로써 위와 같은 엄마의 심정이 되었다.

처음 아이의 사춘기가 꿈틀대기 시작할 때는 엄마의 권력으로 아이를 억누르려고 했다. 그러다 보니 아이의 가시는 점점 더 날카로워지기 시작했고, 나도 그만큼의 가시를 곧추세웠다. 그런데 어느 순간, 그 가시가 너무 뾰족해져서 도저히 나의 가시로는 버텨낼 수가 없었기에 그냥 잘라버렸다. 밖으로 세운 나의 가시를. 그러면서 서서히 위 시의 내용에 묻어나는 엄마의 심정으로 바뀌게 된 것이다.

너무 아팠다. 아이의 가시 돋친 말 한마디 한마디에 가슴이 찢겨도 그냥 받아들였다. 아이의 시선이 날 무시하듯 내리깔아도 그냥 아무 일 없었다는 듯 마주보았다. 그렇게 하루, 이틀, 사흘, 한 달이 지나고, 일 년이 지나면서 '나'라는 엄마는 어느새 돌아가신 나의 엄마와 닮아가고 있었다. 참고, 참고, 또 참고 인내하면서 모난 돌이 점차 둥글둥글하게 변해가고 있었던 것이다. 이후 아무리 가시를 날카롭게 세우고 날 찔러도 아프지 않았다. 글쎄, 모르겠다. 비록 가슴은 찢길 대로 찢겨 너덜너덜하게 됐을지라도 아이에게 보이는 나의 모습은 그냥 무던한 엄마다운 엄마의 모습이었을 게다.

내가 생각하는 엄마다운 엄마의 모습을 떠올리자면 가장 먼저 나의 엄마가 생각이 난다. 자식들의 온갖 투정을 묵묵히 받아들이면서 정작 당신의 모습은 따뜻하고 포근한 엄마의 모습이었다. 지금도 생각난다. 내가 사춘기 때 엄마를 향해 "지금까지 나를 위해 뭘 해줬어? 엄마 때문에 내 인생 망가지면 엄마가 다 책임져."라고 고래고래 소리를 질렀던 것이. 그때 엄마는 울분에 찬 나를 향해 딱 한마디만 했다. "나도 좀 살자."라고. 그때는 잘 몰랐는데, "나도 좀 살자."라는 말에는 고단했던 엄마의 삶이 묻어난다. 그래도 엄마는 늘 나를 따뜻하게 감싸 안았다. 그래서일까? 언제라도 '엄마'라는 이름을 떠올리면 마음이 따뜻해지고 위안이 된다. 그게 바로 엄마다운 엄마의 모습이 아닐까 싶다.

솔직히 그런 엄마다운 엄마의 모습을 따라가려면 난 아직 멀었다. 가끔씩 쌓였던 분노가 터질 때가 있다. 웬만하면 그냥 웃어넘기려고 하다가도 어느 선을 넘으면 도저히 참을 수가 없어 아이를 향해 한바탕 소리를 질러대곤 한다. 사실 요즘 아이의 사춘기가 수그러드는 상황이라서 가능한 일이지 한창 사춘기가 심할 때는 감히 엄두도 나지 않았다.

"아무개야, 이제 학원 갈 시간이니까 일어나야지?"

"등 좀 긁어 주세요."

"……."

"시원하니? 자, 종아리도 박박 긁어 줄게."

"……."

"이제, 일어나야지. 늦겠다."

"……."

"빨리 일어나라고."

"에이! 짜증 나."

"얘가 깨워 줬더니 어디다 대고 짜증이야. 못된 것 같으니라고."

아이가 하교 후 잠깐 낮잠을 자고 학원에 가야 되는 상황에서 벌어진 일이다. 요즘 시험 기간이라서 피곤한 데다가 야행성의 생체리듬을 가지고 있어서 조금이라도 낮잠을 자지 않으면 일상생활을 유지하기가 힘들다. 그런데 약 1시간가량의 달콤한 꿀잠을 깨웠으니 짜증이 날 수밖에. 그나마 요즘 아이가 순해져서 한마디 쏘아붙인 건데, 솔직히 후련하다. 예전 같았으면 혹여 아이가 기분 나빠서 학원에 안 갈까 봐 그냥 속으로 분을 삭이고 있었을 게다.

어찌 됐건 '엄마'라는 역할은 참 힘든 것 같다. 그래서 난 세상의 엄마들이 가장 존경스럽다. 가정의 평화와 자식을 위해서라면 자신에게 감춰져 있는 날카로운 가시도 잘라버릴 수 있는 그런 포용

력 있는 커다란 그릇이라는 생각이 든다. 가족 한 사람 한 사람의 분노, 짜증, 미움, 원망, 투정 등의 부정적인 감정을 다 담아내 사랑이라는 따뜻한 마음을 만들어내는 그런 엄마다운 엄마. 나도 그런 엄마가 되기 위해 부단히 노력해야겠다.

"'엄마'라는 존재는 아이들을 낳아 키우면서 비로소 엄마다운 엄마의 모습으로 변해 가는 것 같다. 그러니까 아이들이 온갖 핍박과 상처를 줘도 엄마는 가정의 행복을 지켜내기 위해 엄마다운 엄마의 모습, 즉 '인내를 품은 사랑의 모습'으로 변해갈 수밖에 없는 것이리라. 지금껏 가정을 온전히 지켜내기 위한 엄마들의 처절한 몸부림이 있었기에 '행복한 가정'이라는 말도 있는 것이다."

5-10 엄마로서 해준 최고의 선물

내가 지금껏 살아오면서 꼭 필요하다고 생각한 능력이 있었다. 그것은 상대방에게 공감을 불러일으킬 만한 글쓰기 능력과 그 능력에 더욱더 빛을 발해 줄 어휘 능력이었다. 그래서 내 아이에게만큼은 내가 직접 가르치고 싶었다. 그래서 아이가 7살 때부터 한자를, 초등학교에 들어가서는 글쓰기를 가르치기 시작했다. 우선 한자를 가르칠 때는 천자문을 통해 하루에 한 자씩 익히게 했다. 그리고 주말이 되면 그동안 배운 7개의 한자를 책받침으로 가린 후 읽어 보게 했다. 그런 식으로 계속 누적이 되게, 그러니까 2주 후면 14개의 한자, 3주 후면 21개의 한자를 테스트하는 식으로 천자문을 떼다 보니 약 4년 정도가 걸렸다.

물론 그 과정이 쉽지만은 않았다. 누적되는 한자의 수가 많아지면 많아질수록 아이는 힘들어했고, 비록 하루에 한 자였지만 매일 해야 한다는 부담감이 있었다. 나도 역시 내 공부가 아닌 아이를 가르쳐야 하는 입장이었기 때문에 피곤하기도 하고, 귀찮은 부분도 있었다. 하지만 아이의 인생에 있어서 내가 해줄 수 있는 최고의 선물이 될 수도 있다는 생각에 포기하지 않고, 끝까지 밀어붙였다.

"자, 책받침으로 가릴 테니까 한 자 한 자 읽어보자."

"하늘 川, 땅 地, 검을 玄, 누를 黃 , 집 宇, 집 宙, 넓을 洪."

"그래, 아주 잘 했어. 그럼, 다음 1주일 동안에는 거칠 荒, 날 日, 달 月, 찰 盈, 기울 昃, 별 辰, 잘 宿까지 배우고, 저번 주에 했던 7개의 한자까지 합해서 테스트 하자."

"네, 알았어요."

"한자 재밌지? 하루에 한 자씩 배우니까 부담스럽지도 않고……."

"네, 재밌어요."

아이는 한자도 마치 스펀지처럼 빨아들였다. 매일 배운 것을 잊어버리지 않고, 머릿속에 잘 기억해 두었다가 매주 테스트를 받을 때마다 거의 틀리지 않고 읽어 내려갔다. 그것도 약 4년 동안 천자를. 그러던 어느 날, 나를 놀라게 할 만한 일이 벌어졌다. 아이가 책을 읽다가 다소 어려운 어휘, 그러니까 한자로 된 어휘가 나올 경우, 그 즉시 한자의 음을 우리나라 뜻과 연결시켜 어휘의 뜻을 알아내는 것이었다. 예를 들어 미망인(未亡人)이라는 글자를 읽고 아닐 미, 죽을 망, 사람 인 따라서 '사람이 죽지 않음'이라고 어림잡아 뜻을 풀이한다는 말이다.

사실 좀 놀라웠다. 아직 나이도 어린데, 한자를 통해 그런 식으로 어휘의 뜻을 연결시킬 수 있다는 것이. 그래서 천자문 학습을 중간에 그만두게 하고, 나중에 한자 학습지나 시켜야겠다고 생각했던 마음을 아이가 쏙 들어가게 만들어 줬다. 몇 달 전, 외고 준비를 위해서 면접반에 들어갔는데, 선생님께서 또래 아이들에 비해 상당히 높은 수준의 어휘를 사용한다고 말했다. 그러니까 어렸을 때 한자를 배워 둔 것이 훗날 시사 용어도 쉽게 깨우칠 수 있는 능력을 키워 준 것이다.

그리고 두 번째로 글쓰기 부분이다. 사실 글쓰기는 어디에서부터 어떻게 가르쳐야 할지 막막했다. 솔직히 글쓰기 능력은 타고난 능력도 있다. 예전 독서토론논술 교사로 일을 할 때, 똑같이 글쓰기 훈련을 시켜도 되는 아이와 안 되는 아이가 있었다. 그러니까 기본적으로 타고난 구성력을 갖춘 아이들의 글을 읽어 보면 어느 정도 글의 흐름이 자연스러워 이해가 빨랐다. 하지만 그렇지 않은 아이들의 글은 도대체 무슨 말인지 전혀 이해할 수가 없을 정도로 뒤죽박죽이었다. 그러다 보니 어디에서부터 어떻게 가르쳐야 할지 막막할 수밖에 없었던 것이다.

따라서 난 글을 쓰는 데 있어서 구성이라는 틀이 굉장히 중요하다고 느꼈고, 세부적인 어휘라든지 문장력은 그다음 문제라고 생각했다.

"오늘 학교에서 무슨 일 있었어?"

"그냥 열심히 공부하고, 친구들 하고 놀았어요."

"아니, 늘 똑같은 일상적인 일 말고, 사건 같은 것은 없었어? 예를 들면 친한 친구랑 싸운 후 벌어졌던 일이라든지, 선생님께 무슨 일로 칭찬을 받았다거나, 야단맞은 일 등 기억에 남는 특별한 일."

"아! 생각났다. 오늘 친구 4명과 복도에서 뛰다가 선생님한테 걸려서 불려갔는데, 한 아이가 무서웠는지 그냥 도망가 버렸어요. 그래서 우리 4명한테는 그냥 주의만 주셨는데, 그 아이는 선생님께 많이 혼났나 봐요. 교실에 들어와서 엉엉 울더라고요. 그러니까 왜 도망가가지고……."

"그런 일이 있었구나. 그래서 사람은 비겁하면 안 돼. 잘못했으면 당연히 그에 따른 벌을 받아야지. 그리고 잘못을 뉘우치고, 다시는 그런 잘못을 안 하면 되는 거야. 자, 그러면 일기장에다가 오늘 있었던 일을 한번 써 보자. 우선 사건 발단을 시작으로 해서 전개, 결말의 순으로 쓰는 거야. 자, 엄마가 스토리를 불러주면 어떤 식으로 글이 구성되는지 한번 그대로 쓰면서 생각해 봐.

나는 오늘 3교시 쉬는 시간에 친구들 4명과 같이 복도로 나갔다. 그리고는 화장실로 누가 먼저 달려가나 시합하다가 선생님께 딱 걸렸다. 그 즉시 선생님은 우리를 오라고 손짓했고, 한 친구는 걸음아 날 살려라 도망을 갔다. 다행히도 나를 포함한 3명은 다음부터 조심하라는 주의만 받았다. 하지만 도망간 친구는 선생님께 붙잡혀 굉장히 심하게 혼이 났는지 교실에 들어와서 엉엉 울었다. 나는 그 친구를 달래 주면서 다시는 복도에서 뛰지 말자고 말했다.

자, 여기까지. 네가 생각하기에 글의 흐름이 자연스럽지?"

"네, 정말 자연스러워요."

이런 식으로 아이가 일기를 쓸 때 난 옆에서 그날 있었던 사건을 다 들어 본 후 다시 재구성해서 그대로 쓰게 했다. 그랬더니 어느 순간부터 글쓰기를 너무 재밌어 하고, 글도 제법 잘 썼다. 그도 그럴 것이 초등학교 내 글쓰기 대회에서 각 학년마다 상은 빠지지 않고 다 받았다. 게다가 중학교 때는 시집도 냈다. 여하튼 아이의 인생에 있어서 엄마로서 해줄 수 있는 최고의 선물을 난 해준 셈이다.

"부모는 아이가 어렸을 적에 어느 정도의 틀을 잡아주는 게 좋다. 그 틀은 공부가 될 수도 있고, 좋은 습관이 될 수도 있고, 취미가 될 수도 있고, 그 밖에 다양한 것들이 될 수도 있다. 사춘기를 겪는 순간부터 아이는 부모의 가르침을 잘 받아들이지 않기 때문에 가능한 한 초등학생 때까지 엄마가 해줄 수 있는 최선의 것을 해주면 좋다. 그 이후부터는 부모가 전혀 손을 쓸 수 없는 사춘기로서 모든 게 아이의 의지에 달려 있다. 중요한 건, 아이가 부모를 통해 배운 것들이 훗날 무엇으로든 남아 있다는 사실이다."

PART 6

딸아, 엄마는 네가 이렇게 자라주길 바라

6-1 가슴이 따뜻한 사람으로 자라 줬으면

학교 공개 수업이 있던 날이었다. 수업 시작에 앞서 학교 후문 쪽으로 모여든 같은 반 엄마들이 빙 둘러선 채 이런저런 얘기로 한창 수다를 떨고 있었다. 각종 학원 정보며 아이의 형제 얘기들, 학교에 대한 평, 선생님들에 대한 평, 각종 대회들, 친한 친구들, 여행 얘기 등 이곳저곳에서 유익하고도 재미난 얘기들이 마구 쏟아져 나왔다. 정말이지 다소 소극적이거나 반 돌아가는 상황에 대해서 잘 모르는 엄마들은 그 자리에 낄 수조차 없는 막강 파워를 자랑하는 그런 수다의 장이었다.

"아무개 엄마는 영어 학원 어디로 보내요?"

"저는 대형 학원은 아니지만 꼼꼼하게 잘 가르쳐 주는 모 학원에 보내고 있어요."

"그렇지 않아도 그 학원 좋기로 소문났던데……."

"그나저나 담임 선생님이 매우 엄하다면서요? 쉬는 시간에 떠들지도 못하게 하고, 오직 화장실만 다녀오게 한대요."

"그럼, 아이들이 숨 막혀서 살겠어요? 쉬는 시간은 쉬라고 있는 거지."

"그러게요. 우리 학교가 대체적으로 다른 학교에 비해 규율도 엄하고, 무서운 선생님들도 많은 것 같더라고요."

"그건 그렇고, 이번에 우리 학교에서 토론대회가 있던데, 다들 어떻게 준비시키고 있나요? 우리 아이는 하도 말주변이 없어서 참여하기가 힘들 것 같긴 해요."

"우리 아이는 책을 많이 읽어서인지 토론하는 걸 매우 좋아하더라고요. 그래서 이번에 한번 도전해 보려고요."

15명 정도의 엄마들이 동그랗게 원을 그리며 이런저런 얘기로 한창 수다를 떨고 있을 무렵, 조금 늦게 도착한 같은 반 엄마가 저만치서 그냥 멀뚱하게 서 있었다. 그때 누군가가 그 엄마한테 다가가더니 동그랗게 원을 그린 엄마들 사이로 데리고 왔다. 나중에 도착한 엄마는 그다지 학교에 자주 나오는 엄마는 아니었지만 그래도 가끔씩 얼굴이 보였던 그런 엄마였다.

보통 아이의 학교를 자주 드나들지 않는다거나 엄마들의 모임이 많지 않다거나 일 때문에 너무 바쁘다거나 소극적인 성격을 가진 엄마들은 학교 행사나 모임에서 소외를 당할 수밖에 없다. 물론 일부러 그런 엄마들을 소외시키지 않더라도 용기가 없는 나머지 스스로 끼지 못하는 경우도 많다. 그런데 그 누군가가 그런 엄마들을 하나하나 챙기면서 같이 어울릴 수 있도록 따뜻한 분위기를 조성해 나갔다. 누구 한 사람 소외당하지 않고, 외롭지 않도록 그 누군가는 모든 주변의 상황을 관찰하고 있었던 것이다. 마음이 참 따뜻했던 그 사람! 바라건대, 첫째 아이도 그 사람처럼 가슴이 따뜻한 사람으로 자라 줬으면 좋겠다.

"인생을 살아가면서 다양한 사람들을 만나곤 하는데, 그중 가슴이 따뜻한 사람은 함께하는 것만으로도 삶의 이유가 된다. 그런 따뜻한 사람들을 보면 상대방이 소외당한다는 느낌이 들지 않도록 한 사람 한 사람과 눈을 마주치며 대화하고, 부와 명예, 권력, 학벌에 상관없이 모든 사람들을 똑같이 대한다. 그리고 무엇보다도 상대방을 배려하는 마음이 있어서 상대방까지도 따뜻한 마음을 품고 살아갈 수 있게 만든다."

6-2 산소 같은 사람으로 자라 줬으면

예전 탤런트 이영애 씨가 모델로 나온 화장품 광고에 '산소 같은 여자'라는 카피 문구가 있었다. 그 당시 이영애 씨의 투명한 얼굴을 빗대어 마치 산소 같다고 비유한 것인데, 외모를 떠나 자체에서 풍겨져 나오는 산소 같은 느낌의 사람이 있다. 물론 첫 만남에서는 모른다. 만나면 만날수록 산소처럼 맑고 깨끗했고, 어떤 모임이든 그 사람이 있으면 가슴이 뻥 뚫리듯 시원했다. 그래서 언제부터인가 그 사람에 대해서 분석하기 시작했다.

그 사람은 내가 만난 사람들 중에서 처음과 끝이 거의 같은 사람이었다. 주위 사람들에게 집착을 하지 않고, 하루하루 최선을 다하는 삶을 사는 부지런한 사람이었다. 어떤 자리에서든 남 욕은 절대 하지 않았다. 비록 자신을 욕하는 어떤 이에 대해서 알고 있어도 그 어떤 이에 대해서 절대로 함부로 도마 위에 올리지 않았다. 그런 부분에서 자존감이 굉장히 높은 사람이라는 것을 느꼈고, 자신을 지독히도 사랑하는 사람이라고 생각했다.

"그 사람, 정말 대단한 것 같지 않아요?"
"정말 대단해요. 비가 오나 눈이 오나 어쩌면 늘 그렇게 한결같은지……."
"그래서인지 그 사람 옆에는 항상 사람들이 들끓어요. 그만큼 사람들이 많이 따른다는 얘기겠죠? 그 사람, 정말 좋은가 봐요."
"배울 점이 많죠. 그 사람을 보고 있으면 즐겁고 행복해지잖아요."
"그러게요, 그 사람의 좋은 에너지가 주변으로 자꾸 퍼져나가 행복한 기운을 만들어 가는 것 같더라고요."
"그런 사람이 참 흔하지 않은데……."
"난 지금껏 살아오면서 그 사람과 같은 사람을 본 적이 없어요."
"사실 나도 그래요."

그 사람은 정말 흔하지 않은 그런 사람이었다. 주변에 끊임없이 사람들이 들끓어도 지치지 않는 그 에너지는 과연 어디에서 오는 것일까? 나는 그렇게 생각한다. 자신을 사랑하는 마음에서 모든 것이 출발했다고. 자신을 사랑하는 마음이 크다 보니 말과 행동도 함부로 하지 않을 것이며, 누군가가 욕을 해도 스스로 떳떳하기 때문에 그런 말에 휘둘리지 않을 것이며, 하루하루 최선을 다하는 삶을 살다 보니 부지런할 수밖에 없을 것이며, 당연히 죽음에 대해서도 두려워하지 않을 것이다.

언젠가 그 사람과 대화를 나눴다. 우리네 삶에 관해서. '어떻게 살아야 할까?'라는 질문에 답은 하나로 통했다. 하루하루 최선을 다해 열심히 사는 것! 그게 바로 정답이었다. 그리고 한마디 덧붙였다.

"모든 인간관계에 있어서 상대방에게 기대감을 갖지 않으면 그만큼 실망도 덜하지 않을까요?"

정말이지 산소 같았다. 어찌 보면 고된 우리네 삶을 보다 행복하게, 보다 편안하게 살아갈 수 있도록 길을 제시해 주는 듯했다. 그렇게 첫째 아이도 산소 같은 사람으로 자라 줬으면 좋겠다.

"사람들마다 풍겨져 나오는 느낌이 있다. 그중 산소 같은 사람도 있는데, 그 느낌은 뭐라고 할까? 아침 이슬 같은 맑고 투명한, 그래서 보는 것만으로도 상쾌함이 느껴진다. 게다가 대화를 나누다 보면 미처 생각지 못했던 삶의 지혜도 깨닫게 되어 내 삶에도 고스란히 적용시키게 만든다. 한 예로 나에게 주어진 하루를 최선을 다해 살다 보면 미련이라는 게 생기지 않을 것이고, 이로 인해 죽음도 두렵지 않게 된다. 임종을 앞둔 어떤 할머니가 자식들 앞에서 편안한 미소를 지으며 마지막으로 이런 얘기를 했다고 한다. '이 세상, 잘 살다 간다.'라고."

6-3 자존감이 높은 멋진 사람으로 자라 줬으면

강자에 강하고 약자에 약한 사람, 모든 것을 다 갖췄지만 겸손한 사람, 일상의 소중함을 아는 사람, 자신을 비하하지 않는 사람, 약한 동물을 소중히 다루는 사람, 말과 행동을 함부로 하지 않는 사람, 상대방을 먼저 배려하는 사람, 남과 비교하지 않는 사람, 부지런한 사람, 자기 관리에 철저한 사람, 옷을 깔끔하게 입는 사람들의 공통점은 무엇일까? 바로 자존감이 강한 사람이다. 그렇다면 자존감은 어떻게 만들어지는 것일까?

자존감은 하루아침에 이루어지는 것이 아니라 그동안 살아오면서 자신이 이루어 놓은 모든 것, 즉 좋은 생활 습관, 좋은 인간관계, 능력, 존재감, 건강, 자신감 등이 이미 깊숙이 스며들어 스스로에 대해서 만족하고 높이 평가하는 감정이다. 따라서 자존감이 높은 사람들은 뭔가 달라도 다르다. 그런 사람들은 많은 사람들 속에 묻혀 있어도 환하게 빛이 나면서 눈에 띄는 경우가 많다. 하지만 그런 사람은 드물다. 사실 내 주변을 보더라도 자존감이 높은 사람들보다 자존심이 센 사람들이 더 많다.

자존심이 센 사람은 인상에서부터 불편함이 느껴진다. 우선 자신의 존재감을 드러내기 위해서 애를 쓰고, 상대방에 대한 질투가 강하다. 또한 자신의 능력은 생각하지 않은 채 남이 못하면 헐뜯고, 스스로를 높여 가면서 자랑을 일삼는 등 자신의 이익을 위해 상대방을 피곤하게 하는 경우가 많다. 반대로 자존감이 높은 사람은 우선 인상에서부터 편안함이 느껴진다. 그리고 굳이 자신의 존재감을 드러내지 않아도 빛이 나며, 상대방에 대한 배려가 있다. 게다가 스스로를 겸손하게 낮추면서 상대방에 대한 칭찬에 인색하지 않고, 자신이 좀 손해를 보더라도 상대방이 기뻐하면 그것으로 만족한다.

"그 사람을 보면 아우라가 쫙 펼쳐져 있는 게 정말 멋있는 사람 같아요."

"그러게요, 어쩌면 그렇게 환하게 빛이 나는지 부럽다니까요."

"주변 엄마들 얘기를 들어 보니 능력도 좋고, 성품도 매우 좋더라고요. 처음에만 잠깐 좋다가 본색을 드러내는 그런 경우가 아니라 꾸준히 지켜 본 엄마들이 원래부터 성품이 좋았다고 해요."

"그 사람은 절대로 나대지 않고, 지킬 것 지켜 가면서 아니다 싶으면 정확히 거절할 줄도 아는 그런 단호함도 있대요. 그러니까 엄마들 사이에서 이리저리 끌려 다니는 그런 사람이 아니라, 자기 주관도 확실하면서 절대로 남에게 피해를 주지 않는 사람이래요."

"그게 바로 범접할 수 없는 자존감이지요. 그런 사람들은 정말 자신을 사랑하고, 또한 자신의 삶을 멋있게 잘 이끌어 갈 줄도 알더라고요."

흔하지는 않지만 내 주변에 그런 사람이 있었다. 그 사람한테는 누가 감히 함부로 대하지도 않을뿐더러 과감하게 거절을 해도 미워할 수 없는 존재감이 있는 사람이었다. 바라건대, 첫째 아이도 그런 자존감이 높은 멋진 사람으로 자라 줬으면 좋겠다.

"우리 주변을 죽 둘러보면 흔하지는 않지만 자존감이 높은 사람들이 있다. 자존감이 높은 사람! 어찌 보면 좀 막연하게 느껴지기도 하는데, 보통 단체 생활을 통한 위기 상황에서 드러나는 경우가 많다. 한 예로 단체 생활을 하다가 힘든 상황이 생길 때 돌변하는 사람이 있는가 하면 한결같은 모습으로 위기를 잘 극복하는 사람이 있다. 후자의 경우, 스스로에 대한 만족감이 크고, 정의로우며, 상대방을 배려하는 마음이 강하고 좋은 인간관계가 형성되어 있다."

6-4 뒷모습이 아름다운 사람으로 자라 줬으면

무엇이든지 최선을 다하는 사람, 그러면서 겸손한 사람이 있다. 그 사람은 남들이 꺼리는 허드렛일도 마다하지 않고 그저 묵묵히 일한다. 그러면서 단 한 번도 싫은 내색을 하지 않는다. 물론 생색도 내지 않는다. 나이 50을 넘기다 보니 이제는 한 사람 한 사람의 진정한 모습이 보인다. 요령을 피우는 모습, 잘난 체하는 모습, 자존심이 센 모습, 자존감이 높은 모습, 자존감이 낮은 모습, 우울한 모습, 행복한 모습, 외로운 모습, 비열한 모습, 정의로운 모습, 강한 모습, 약한 모습, 자신감 넘치는 모습 등등.

흔히들 '지천명'이라고 부르는 쉰 대열에 들어서다 보니 마음이 차분히 가라앉는다. 사람과 사물에 대해서 그냥 조용히 지켜보는 입장이라고나 할까? 예전 한창 피 끓는 시절에는 불의를 참지 못하고, 직선적이고, 급하고, 오로지 성공을 위해 달리는 그런 열정이 있었다면 지금은 일상의 소중함, 편안함, 너그러움, 진정성, 소박함 그리고 그냥 조용히 이런저런 생각하면서 지내는 나날이 좋다.

그러면서 문득 뒷모습이 아름다운 사람들이 떠오르곤 한다. 사실 우리는 항상 서로를 마주보면서 생활한다. 상대방의 표정을 살피고, 상대방과 말을 주고받고. 상대방의 모습을 보고, 상대방의 기분을 살피면서 때론 가식으로, 때론 포장으로. 때론 날카로운 혀로 상대방을 대하곤 한다. 비록 그 자리에서는 아무렇지 않게 행동할지 몰라도 뒤돌아서는 순간, 서로 수많은 상처와 후회로 범벅이 되는 삶을 살고 있다.

언젠가 지인이 이런 말을 한 적이 있다. "언니, 난 이상하게 매번 그 사람을 만나고 나서 뒤돌아서는 순간, 기분이 아주 안 좋아져요."라고. 사실 지인이 느끼는 그 사람에 대한 뒷모습은 결코 아름답지 않다는 것일 게다. 솔직히 나도 그런 경우가 종종 있었다. 그렇다면 그 뒷모습에 대한 평가 기준은 과연 무엇일까? 음! 나는 그렇게 생각한다. 가식이 없는 진정성이라는 큰 그릇 안에 배려, 정의, 인내, 의리, 나눔, 부지런함, 따뜻함, 편안함, 소박함 등이 녹아내렸을 때, 그때 비로소 자신의 뒷모습이 아름답게 평가되지 않을까!

뒷모습이 아름다운 사람, 혹여 단 한 사람에게라도 난 그런 사람이 될 수 있을지 그리고 내 주변에는 그런 사람들이 과연 몇 명이나 있을지……. 앞으로 남은 인생을 살아가는 데 있어서 커다란 과제이다. 내가 지켜보는 그 사람은 나에게 있어서 뒷모습이 아름다운 사람일 게다. 남들은 눈치 보면서 슬슬 피하는 일도 아무런 불평, 불만 없이 꿋꿋이 해낸다. 그리고 대가도 바라지 않는다. 그렇다고 주위에서 수고한다며 칭찬하지도 않는다.

그런데 그 사람을 난 지켜보고 있다. 그 누구보다도 진정성이 있고, 용감하고 자신감 넘치는 모습에 마음속으로나마 박수를 보낼 뿐이다. 그 사람, 뒷모습이 너무나 아름답지만 말하지 않으련다. 다만 내 마음속에 영원히 그런 모습으로 남아 있길 바란다. 그렇게 첫째 아이도 뒷모습이 아름다운 사람으로 자라 줬으면 좋겠다.

"사실 앞모습이 아름다운 사람보다 뒷모습이 아름다운 사람이 오래도록 기억된다. 앞모습은 서로 대화를 나눌 때 느껴지는 부분이지만 뒷모습은 뒤돌아섰을 때 느껴지는 부분이다. 내 경험상 앞모습이 아름다운 사람은 금세 잊혀져버렸지만 뒷모습이 아름다운 사람은 비록 흔하지는 않았지만 그 사람에 대한 여운이 참 오래도록 남았다. 한마디로 앞모습은 겉으로 드러나는 외모, 뒷모습은 내면의 아름다움이다."

에필로그

사춘기! 결코 단순하게 웃고 넘길 문제는 아니었다. 흔히들 중2병, 북한이 중2 때문에 남한에 못 쳐들어온다는 우스갯소리도 있는데, 그건 괜히 나온 말이 아니다. 그 정도로 사춘기의 위력은 대단했다. 정말로 반듯했고, 따뜻했고, 든든했던 아이가 어느 순간 급격하게 돌변하면서 그동안의 행복했던 시절이 하루아침에 물거품이 되었다. 그야말로 모든 게 뒤죽박죽이었고, 어디에서부터 어떻게 풀어나가야 할지 끝이 보이지 않았다. 분명 끝날 줄 알았는데, 한 순간의 장난이라고 생각했었는데……. 그게 아니었다. 시간이 지나면 지날수록 아이에게 돋친 가시는 점점 더 뾰족해졌고, 접근조차 힘이 들었다. 그렇다고 그냥 내버려 둘 수 없었기에 접근을 하려고 하면 난 온통 상처투성이로 만신창이가 다 되어버렸다.

보통 사춘기 아이를 키우는 엄마들은 "끝이 보이지 않는 어두운 터널에 갇혀 있는 것 같다."라고 푸념한다. 나도 그랬다. 끝이 보이지 않는 터널 속에서 아무런 희망도, 의욕도 생기지 않았다. 그렇게 난 한동안 어두운 터널 안에서 그냥 멍한 상태로 있었다. 그러다가 문득 현실은 터널 안이었지만 마음만은 간절히 행복해지고 싶었다.

내 스스로 어둠을 깨고 나오지 않으면 영원히 밝은 빛을 볼 수 없을 것 같은 그런 암담한 상황이었다. 그래서 내 스스로를 깨우려고 노력했다. 그동안 힘든 일도 다 극복하면서 여기까지 왔는데, 이대로 무너질 수는 없었다. 우선 아이를 향한 집착으로부터 벗어나 서서히 나를 찾고자 노력했다. 물론 그 과정에서 누구도 나에게 위로가 되지는 못했다. 아이를 낳고, 키우고, 여기까지 끌고 온 사람은 바로 엄마인 나였기에 나를 다시 찾는 길은 너무도 외롭고 힘든 여정이었다.

난 아이의 엄마인데, 아이에 대한 관심과 집착을 버려야 된다니……. 그 고통은 뭐랄까! 내 심장을 마치 바늘로 콕콕 찌르는 듯한? 아니, 도저히 뭐라 형용할 수 없는 그런 극심한 고통이었다. 그래서였을까? 그 고통을 벗어나기 위해서는 무조건 마음을 비워야만 했다. 하지만 결코 쉬운 일이 아니었다. 처음엔 내 자신을 속여 가며 마음을 비운 척했을 뿐 여전히 아이를 향한 집착의 끈은 놓지 못하고 있었다. 늘 아이를 지켜보면서 바른길, 빠른 길을 제시해 주고 싶었지만 말하지 못한 채 마냥 기다려야만 하는 그런 숨 막히는 상황이었다.

난 점점 지쳐 갔다. 늘 그렇듯 힘든 하루를 보내고, 좀 더 나아지는 내일을 기대해 보았지만 오히려 반대로 오늘보다 더 나빠지는 내일을 향한 두려움으로 하루하루를 보내야만 했다. 그러던 중 누군가의 "엄마라는 존재는 무엇으로라도 자신의 마음을 비워 놓지 않으면 아이의 사춘기가 극에 달했을 때 그런 아이를 받아주지 못한 채 결국 최악의 상황으로 치달을 수 있다."라는 말이 떠올랐다. 그 순간 난 내 아이를 버려야만 했다. 아이가 깨닫고 다시 돌아올 때까지 관심을 끈 채 나를 찾는 일에 집중하면서 그냥 무작정 기다려야만 했다.

그렇게 나를 찾아가는 과정 속에서 합창의 매력에 빠져들기 시작했다. 아름다운 멜로디와 서정적인 가사 하나하나에 내 마음을 실어 그동안 쌓인 나의 부정적인 감정을 서서히 비워나갔다. 언젠가는 반드시 돌아올 거라는 아이에 대한 믿음을 가졌다. 그 사이에 내가 지치지 않도록 내 마음을 다스리는 방법 중의 하나가 바로 음악이었다. 음악을 통한 좋은 사람들과의 만남은 그동안 온몸으로 느꼈던 아이의 사춘기에 대한 마음의 상처를 무뎌지게 만들어줬다. 그러니까 내 마음이 행복해지면 남들이 생각하는 불행도 그냥 대수롭지 않게 넘겨버리는 마음의 여유가 생긴다는 것이다.

사춘기! 다 때가 있었다. 어느 순간 엄청난 위력으로 다가왔다가 또 어느 순간 홀연히 사라져버리는 극히 자연스러운 현상이었다. 처음 아이의 사춘기를 마주할 때는 죽고 싶을 정도로 힘들었지만 시간이 지날수록 점차 무뎌지면서 아이는 아이 나름대로 다시 돌아오고 있었다. 그도 그럴 것이 지금 첫째 아이의 방문은 활짝 열렸고, 반대로 둘째 아이의 방문은 굳게 닫혀 있는 중이다. 하지만 괜찮다. 닫거나 말거나. 어느 순간, 답답해서 스스로 문을 열 때가 분명히 오기 때문이다.

나는 이 책을 쓰면서 지금 아이의 사춘기로 고통을 겪고 있거나 앞으로 겪을 수 있는 엄마들과 마음을 함께 나누고 싶었다. '나만 이렇게 힘든가?' 하는 엄마들의 힘든 마음을 내 경험을 통해 위로해 주고 싶었고, 언젠가는 다시 사랑하는 엄마한테 돌아온다는 확신을 심어주고 싶었다. 물론 엄마와 아이와의 정서적 유대감이 이미 형성된 상태, 즉 '그동안 어떻게 살아왔느냐?'에 대한 질문을 자신에게 먼저 던져보는 게 우선이 되어야 할 것 같다.

책의 소재가 된 나의 첫째 딸 OO이는 초판 1쇄가 막 출판되어 서점에서 잉크 냄새가 폴폴 풍길 무렵이면 **외고 학생이 되어 교문으로 힘차게 들어가고 있을 것이다. 사춘기라는 거친 폭풍우를 굳세게 이겨내고 더욱 강건한 모습으로 새로운 세상 앞에 우뚝 선 내 딸에게 먼저 이 책의 메시지를 전한다. 우리 딸 정말 장하다. 고맙다!!!